아이를 키우는 엄마라면 반드시 알아야 할 아이 밥상의 모든 것

먹을거리 걱정없는

기적의 아이 밥상

판테온하우스
Pantheonhouse

세계 유수의 의학전문가들 및 식품전문가, 식품 관련 학자들이
최초로 공개하는 아이 밥상에 관한 놀라운 비밀들…
그리고 그것이 아이들에게 미치는 놀라운 결과!

●○● 2007년 미국 베일러대학 멘도자 교수가 2~5세의 어린 아이 1,800명을 대상으로 조사한 결과, TV를 보거나 비디오, 컴퓨터 게임을 하는 아이들은 비만이 될 확률이 높았다. 그래서 미국소아학회에서는 2세 이전의 어린 아이에게는 TV시청을 허용하지 않는 것이 좋으며, 2세 이상의 아이들도 하루에 TV를 시청하는 시간이 1~2시간을 넘지 않도록 권고하고 있다. 동시에 2세 이상의 모든 아이들은 하루 적어도 1시간 이상 적당한 운동을 할 것을 권고하고 있다. - 77페이지

●○● 테네시주립대의 연구에 의하면, 2~8세 어린이 100명을 관찰한 결과, 70%가 두 살 이전에 음식 선호도가 확립되었다고 한다. 또 펜실베이니아주립대 버치 교수에 의하면, 아이들에게 새로운 음식을 받아들이도록 하기 위해서는 음식을 여러 번 접할 수 있도록 하는 것이 중요하고, 새로운 음식을 먹으라고 강요하지 않는 것이 중요하다고 한다. - 82페이지

●○● 미국 로체스터의대 할트맨 교수는 2001년 미국 소아과 학회지에 발표한 논문에서 철분이 부족한 학생들의 수학 점수가 정상적인 아이들의 점수보다 낮았다고 보고했다. 또한 영국의 소아과 의사 '애디'는 철분 결핍증에 걸린 아이들에게 철분을 보충했더니 혈기가 왕성해지고, 뇌의 활력이 생겨 학습 능력이 현저히 개선되었다고 보고했다. 따라서 성장기에 있는 아이들은 철분이 많이 들어있는 살코기·생선·계란·굴·간 등을 자주 먹는 것이 좋다. - 100페이지

●○● 영국 리즈대학 브로클뱅크 교수에 의하면, 하루에 물을 8컵 정도 마시는 아이들의 학업성적이 가장 뛰어났다고 한다. 감미료·설탕·카페인·알코올 등이 들어있지 않은 물을 마시는 것이 좋다. - 101페이지

●○● 미국 일리노이대 테일러 교수에 의하면, 아이를 자연환경 속에서 자라게 해야 ADHD를 예방할 수 있다고 한다. 아이들이 인터넷이나 텔레비전을 보는데 많은 시간을 보내면서 사회성이 결여되는 것도 ADHD의 원인이 될 수 있다. 저녁에 수면이 부족해도 집중력 저하를 나타낼 수 있으며, 음식으로 인해 혈당량의 변화가 심하면 정신적으로 혼란이 오고, 어지러움을 느낄 수 있다. - 119페이지

●○● 미국 퍼듀대학 스티븐스 박사의 연구에 의하면, 혈액 중 오메가-3 지방산의 함량이 낮은 아이들은 행동장애뿐만 아니라 학습장애까지 있다고 말한다. 또한 미국 보스턴 터쿠(Turku)대학과 터프(Tuffs)대학 연구팀은 아토피

의 증가는 오메가-6지방산의 섭취 증가와 밀접한 관련이 있다고 발표했다. -
123페이지

●○● 프랑스 유럽 소아병원 코노팔(Konofal) 박사는 2004년 소아 청소년
의학지에 발표한 논문에서 과잉활동장애를 앓고 있는 아이들의 84%가 철분
부족 상태라고 주장했다. - 125페이지

●○● 영국 노팅햄대학 윌리엄스 박사는 아토피는 사회적으로 부유한 집
아이들에게서 더 많이 나타난다고 보고했다. 부모의 학력 수준이 높고 부유할
수록 아이들을 지나치게 보호하다 보면 면역력이 떨어져 아토피에 더 쉽게 걸
리게 된다는 것이다. - 128페이지

●○● 호주 오스틴병원 사크터 박사는 7~12세 어린이 593명을 조사한 결과,
살이 찐 아이들 중에 아토피에 걸린 아이들이 많았다고 한다. 또 국내 한 병원
에서 5~10세 아토피 환자 378명을 조사한 결과, 76%가 체중미달이었다고 한
다. 이는 아토피에 걸린 아이들에게 어떤 음식은 아토피에 안 좋다고 하여 식사
제한을 하여 영양 상태가 불량한데다가 가려움 때문에 충분한 수면을 취하지
못한 탓이다. 그러나 아토피를 고치겠다고 성장기에 있는 아이에게 무조건 채
식만 시키다 보면 영양불균형으로 인해 성장에 지장을 줄 수 있다. - 129페이지

●○● 미국 알칸사스 소아병원 벅스 박사가 4개월~22세의 아토피 환자 165
명을 조사한 결과, 60%가 우유 · 계란 · 땅콩 · 밀가루 · 생선 중 하나에 의해서

더 악화된 것으로 나타났다. 또 아토피를 유발하거나 악화시키는 식품 중 우유·계란·땅콩·밀·생선 등 단백질이 많이 함유된 식품이 89%를 차지했다. 단백질이 분해될 때 생기는 독소가 아토피를 유발한 것이다. - 130페이지

●○● 아이들의 두뇌는 6~8세가 되면 거의 발달되며, 아이들의 식습관이나 음식에 대한 선호도는 10세 이전에 형성된다. 따라서 어렸을 때 편식이나 과식하는 습관을 갖게 되면 커서도 좀처럼 바꾸기가 어렵다. - 150페이지

●○● 펜실베이니아주립대 버치 교수에 의하면, 식사 때마다 아이들에게 싹싹 다 먹으라고 하면 아이들이 자기가 얼마나 배고픈 지에는 신경을 쓰지 않고 점점 그릇에 음식이 담겨 있는 만큼 먹어야 한다고 생각한다고 한다. - 167페이지

●○● 무계획적인 간식은 식욕을 감퇴시키고, 식사시간을 불규칙하게 만들며, 편식을 조장할 수 있다. 또한 식사시간에 가까워서 간식을 주면 식욕을 떨어뜨리기 때문에 피해야 한다. 오후 3~4시경에 간식을 제공하면 피로 회복에 큰 도움이 된다. - 191페이지

●○● 자녀가 부모를 떠나기 전 자녀에게 물려주어야 할 가장 중요한 선물 중의 하나가 바로 요리하는 법을 가르치는 것이다. 자녀가 집을 떠날 때 각 가정의 특별한 레시피가 담긴 요리책을 주면 평생 사용할 수 있는 귀중한 선물이 될 것이다. - 207페이지

Contents

Part 3
아이를 변화시키는 기적의 밥상 10계명

아이들의 먹을거리가 불안하다

예전에 비해 먹을거리는 넘쳐나지만 불량식품에 대한 소식이 줄을 잇고 있다. 2004년 불량만두, 2005년 기생충 알 김치, 2007년 이유식에서 사카자키균 검출, 2008년 멜라민 분유, 2009년 가짜 고춧가루와 참기름 사건, 2010년 과자 속 이물질 발견 등 불량식품에 대한 기사가 해마다 우리 사회를 뜨겁게 달구고 있다.

수산물이나 축산물 역시 마찬가지이다. 2000년 납꽃게 사건으로부터 시작해 2005년에는 발암물질인 말라카이드그린이 양식어류에서 검출되어 우리를 불안하게 했다. 2003년에는 야생조류·닭·오리 등의 가금류에서 생기는 바이러스성 질환인 조류독감이 기승을 부렸고, 1995년부터 시작된 광우병 공포가 쇠고기에 대한 불신으로 이어졌다. 또 2008년에는 온 나라가 미국산 쇠고기의 수입을 반대하는 촛불시위로 뜨겁게 달아올랐다. 뿐만 아니라 농작물에 지나치게 많은 농약을 사용해 농산물이 오염되고, 가축에 항생제를 사용해 축산물이

오염되고 있다. 심지어 바다 속 수산물까지도 오염되고 있다는 보도
는 우리를 더욱 불안하게 하고 있다. 더구나 수입 식품이 먹을거리의
70% 이상을 차지하다 보니, 누가·언제·어디서·어떻게 생산했는
지도 모르는 정체불명의 먹을거리가 우리 식탁을 가득 채우고 있는
실정이다.

이런 이유 때문인지 2008년 통계청이 실시한 우리나라의 교육·안
전·환경 등에 대한 사회통계조사에서 유해식품, 식중독 등 먹을거리
에 대해 불안하다고 응답한 사람이 69%에 달했다. 또한 우리 농산물
의 농약오염에 대해 불안하다고 대답한 사람이 40.4%, 수입 농산물의
농약오염에 대해 불안하다는 사람이 87%에 달했다.

특히 아이들의 먹을거리에 대한 불안은 심각한 수준이다. 많은 아이
들이 학교 앞에서 누가·언제·어디서·어떤 재료를 사용해 만들었
는지 알 수 없고, 유통기한이 한참 지난 정체불명의 식품들을 사먹고
있다. 심지어는 발암성이 있는 인공색소나 방부제 등이 들어 있는 불
량식품마저 버젓이 팔리고 있어 학부모들을 불안하게 하고 있다.

아이들이 패스트푸드나 인스턴트 식품을 지나치게 많이 먹는 것도
문제이다. 패스트푸드나 인스턴트 식품은 도정을 한 부드러운 재료를
사용해 일단 보기에 좋고, 입맛에 맞게 하기 위해서 인공색소나 향료,
방부제 등 각종 첨가물을 첨가하여 만든다. 뿐만 아니라 기름에 튀기
고 설탕과 소금을 듬뿍 뿌려 만든 고열량 음식들이 대부분이다. 이러
한 음식들이 몸에 좋지 않다는 것은 아이들도 잘 알고 있다. 하지만
그 맛이 달콤하다 보니 한 번 맛들이면 여간 해서는 벗어나기 어렵다.

그러다 보니 "우리 아이는 편식을 해요. 인스턴트 식품만 먹어요.", "우리 아이는 입이 짧아요.", "우리 아이는 너무 먹어서 탈이에요."라며 걱정을 하는 부모들이 많다.

'내가 먹는 것이 바로 나'라는 서양 속담이 있다. 우리가 먹는 음식이 바로 우리 몸을 만든다는 이야기이다. 요즘 아이들은 먹기는 많이 먹는데 몸은 부실하다. 예전에는 먹을 것이 없어서 우리 몸이 영양실조에 걸렸는데, 요즘에는 먹을 것이 넘쳐나 많이 먹는 데도 영양실조에 걸린다. 이는 많은 아이들이 편식을 하다 보니 일부 영양소의 섭취는 넘쳐나는 반면 일부 영양소의 섭취가 부족하기 때문이다. 이를 '배부른 영양실소'라고 한다. 배부른 영양실조에 걸린 아이들은 소아비만이나 아토피에 걸리기 쉽고, 어른이 되어서도 고혈압·심장병·당뇨·암 등 각종 성인병에 시달리기 쉽다.

우리 아이들은 부모가 유기농으로 농작물을 직접 재배한 탓에 자연스럽게 거친 음식을 먹게 되었다. 매일 식탁에 올라오는 음식은 가공식품이 아닌 제철에 나오는 자연 음식들이었고, 집에서 직접 만든 것들이었다. 아이들은 부모가 직접 기른 신선한 채소를 먹으면서 늘 자랑스러워했다. 또 아이들은 농촌에서 자라면서 일하는 즐거움과 보람을 보고 배웠다. 또 농촌에서 살다 보니 아이들이 육체적으로뿐만 아니라 정신적으로도 자생력이 생겨 강하게 자랐다.

요즘 아이들의 식탁은 웰빙과는 조금 거리가 있다. 그래서 안타까운 마음에, 20년 동안 농가주택에 살면서 두 아이를 거친 음식으로 잘 키운 경험을 바탕으로 아이를 강하게 키우는 방법을 소개하고 싶었다.

이 책은 요즘 아이들의 잘못된 식습관을 지적하고, 거친 음식으로 어떻게 아이들의 식습관을 개선할 것인지 구체적인 방안을 제시하고 있다. 부드러운 음식만 좋아하는 아이들의 식습관을 바꾸어 건강하게 키우는데 조금이나마 도움이 되기를 바란다.

Part · 1

아이에게 거친 음식을 먹여라

오염되지 않은 환경에서 거칠게 자란 음식을 먹여라

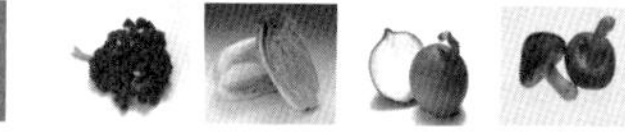

우리 조상들은 화학농약을 전혀 사용하지 않고 수천 년 동안 농사를 지어왔다. 화학농약은 수확량을 늘리고 편하게 농사짓기 위해 화학적으로 합성하여 만들어낸 독성물질이다. 1940년대부터 개발되기 시작했으며, 그 동안 상업화된 것만도 무려 1,350여 종이나 된다. 그 중 약 550종이 독성으로 인해 사용이 금지되었다. 그러나 지금도 200~300종이 사용되고 있다.

지난 수십 년 동안 인구가 폭발적으로 늘어나다 보니 식량이 많이 필요하게 되었고, 농약의 사용량은 더욱 늘어났다. 농작물을 키우는 농민들도 일일이 손으로 벌레를 잡거나 잡초를 뽑을 필요 없이 농약만 뿌려주면 문제가 해결되어 농약의 사용을 선호하게 되었다. 그러나 아무리 농약을 뿌려도 벌레나 잡초가 번식하고 살아가기 마련이다. 또 농약을 뿌리면 뿌릴수록 벌레나 잡초는 생명력이 강해져 농약을 사용해도 잘 죽지 않는다. 때문에 농약의 사용량은 해마다 늘어가고 있다. 우리나라의 농약 사용량은 세계적으로도 많은 편이다. 국내의 토지 면적 1ha(약 3,000평)에 사용된 농약은 2001년도에 12.4kg이던 것이 6년 후인 2007년에는 13.1kg으로 늘어났다.

농약은 우리 몸에도 해롭다

농약은 해충이나 잡초에만 해로운 것이 아니라 우리 몸에 들어오면 우리 몸에도 해롭다. 농촌에 살다 보면 농약을 하는 모습을 자주 본다. 농민들이 어림짐작으로 농약을 대충 물에 풀어 뿌리는 경우도 있다. 그러다 보니 과일과 채소에서 잔류농약이 끊임없이 검출되고 있다.

세계보건기구는 "적은 양의 농약이라도 장기간 섭취하게 되면 건강에 어떤 영향을 미칠지 불확실하다."며 우려를 표명했고, 미국 MIT대학 에쉬포드 교수는 "식품에 잔류하는 농약의 농도가 낮아 안전한 수준이라고 하더라도 여러 가지 농약 성분이 식품에 동시에 존재하면 그 독성이 훨씬 증가한다."고 발표했다.

우리 집 주위에서도 농민들이 농약을 뿌리는 모습을 자주 본다. 농약을 뿌릴 때는 멀리 떨어져 있어도 냄새가 어찌나 지독한지 견딜 수 없을 정도이다. 그럴 때마다 우리 가족은 집을 떠나 시내로 도피하곤 했다. 그 후 아이들은 슈퍼마켓에 가더라도 채소를 보면 농약을 뿌린 것이라며 사기를 꺼려했고, 커서도 유기농이 아니면 먹지 않는다. 농가주택에 살면서 자연스레 유기농을 먹어야 한다는 산교육을 시킨 셈이다.

축산물도 마찬가지이다. 가축을 집단으로 키울 때는 항생제가 들어간 사료로 키운다. 2006년 국내에서 육류 1톤을 생산하는데 사용된 항생제는 750g이었다. 이는 항생제를 많이 투여하는 것으로 알려진 미국의 290g에 비해서도 거의 3배에 해당하는 수치이다. 수산물도 예외는 아니다. 1년 동안 국내 수산물 양식장에서 사용되는 항생제의 양은 130톤에 이른다.

깨끗한 환경에서 방목해서 키운 소에서 나오는 신선한 우유는 굳이 살균을 하지 않고 마셔도 된다. 하지만 집단으로 많은 소를 키우다 보면 목장의 환경은 더러워지고 그러한 소에서 나오는 우유는 살균을 해서 마셔야 한다. 살균하지 않은 생우유에는 유당을 분해하는 락타제, 단백질을 분해하는 단백질 분해효소, 지방을 분해하는 효소 등이 들어 있어 소화를 돕는다. 항염증, 항바이러스 작용, 면역조절 작용 등이 있는 락토페린이라는 천연 항생물질과 여러 가지 유익한 세균이 들어 있다. 하지만 살균을 하면 이러한 것들이 다 파괴되어 유당이 잘 분해되지 않아 설사를 일으키고, 단백질에 의해 알레르기를 일으키기도 한다.

미국 캘리포니아 '프레즈노'시에 살균하지 않은 우유를 생산하고 있는 목장이 있다고 해서 방문한 적이 있다. 그 곳에서는 소를 방목하여 풀을 뜯어 먹이고 항생제를 전혀 사용하지 않고 기른 소에서 생산되는 우유를 살균하지 않은 생우유를 가까운 도시에 직접 공급하고 있었다. 목장을 방문하여 직접 확인한 결과, 목장에서는 전혀 소의 분뇨 냄새가 나지 않았으며 그날 갓 태어난 송아지도 눈에 띄었다.

캘리포니아의 살균하지 않은 생우유를 생산하는 목장. 갓 태어난 송아지가 보인다.

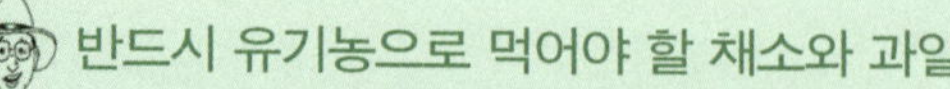

　미국 농림부에서 1992년부터 2001년까지 46가지 과일과 채소의 농약 잔류량을 검사한 결과, 사과·배·복숭아·포도·딸기·시금치·셀러리·감자 등이 농약에 많이 오염되어 있고, 브로콜리·바나나·옥수수·양파 등은 비교적 농약에 적게 오염된 것으로 나타났다.

　2002년 미국 소비자 조합은 미국에서 생산되는 20개 작물의 9만 4천 개 시료의 잔류농약 데이터를 분석해 발표했다.

　보고서에 의하면, 일반 농산물의 73%에서 한 가지 이상의 잔류농약이 검출되었다. 특히 사과·배·복숭아·딸기·셀러리는 일반 농산물의 90% 이상에서 잔류 농약이 검출되었다고 한다.

　우리나라에서는 상추·쑥갓·깻잎·시금치·근대·부추·열무·미나리·파슬리·셀러리·풋고추·토마토·오이·가지·취나물·머위·사과·딸기·포도·복숭아·배·감귤 등에서 자주 잔류농약이 검출된다. 이처럼 농약이 자주 검출되는 농산물은 유기농으로 먹는 것이 좋다.

거칠고 못생긴 음식이 우리 몸에 좋다

매년 8월 중순이 되면 배추 모종을 300개 정도 심는다. 모종을 심은 후에는 벌레와의 전쟁을 한바탕 치러야만 한다. 모종을 옮겨 심은 후 며칠도 안 되어 파란 배추벌레가 떡잎을 갉아 먹어버리기 때문이다. 농약을 뿌리지 않고, 손으로 매일 아침저녁으로 벌레를 잡아주지만 벌레의 번식을 막을 순 없다.

모종이 어느 정도 살아나 안심을 하면 이번에는 굼벵이가 뿌리를 갉아먹어 멀쩡한 모종이 쓰러져 버리기도 한다. 때문에 듬성듬성 비워져 있는 배추밭을 아쉬운 듯이 바라보며 '유기농으로 농산물을 재배하는 일이 얼마나 어려운 일인가'라는 것을 매번 느끼곤 한다. 한 달 이상 벌레와의 싸움에서 살아남은 배추마저 속이 제대로 생기지 않고 잎이 옆으로 퍼져 볼품이 없고 만져보면 뻣뻣하게 느껴질 때가 많다. 농작물에 농약이나 화학비료를 뿌려주면 보기에도 예쁘고, 부드럽게 잘 자란다. 그러나 농약이나 화학비료를 뿌리지 않으면 거칠게 자라 거친 음식이 된다. 거친 음식은 보기에는 별로지만 맛은 좋다. 이렇게 거칠게 자란 음식이 우리 몸에는 좋은 음식인 것이다.

거친 음식이 바로 장수 음식이다

얼마 전 아내와 함께 남미 빌카밤바, 파키스탄 훈자, 그루지야 카프카스, 불가리아 로도피 산맥, 이탈리아 사르데냐 섬과 캄포디멜라, 프랑스 남부 지역, 중국 바마와 루가오, 일본 오키나와 등 세계 10대 장수마을을 둘러본 적이 있다. 이들 장수마을에서는 뚱뚱한 사람들을 찾아보기가 어려웠다.

특히 그들은 한결같이 거친 음식을 먹고 있었다. 그들은 칼로리가 낮고, 식이섬유가 풍부한 음식을 위주로 소식을 했다. 특히 그들이 먹는 곡물가루는 거칠기 그지없었다. 텃밭에는 파란 채소들이 자라고 있었고, 사시사철 텃밭에서 나오는 유기농 채소들이 사람들의 장수를 돕고 있었다.

장수마을 사람들은 대부분 가난하고 가축이 없기 때문에 고기를 적게 먹는다. 고기를 먹더라도 방목하여 풀을 뜯어먹고 자란 닭고기나 염소고기를 먹는다. 바닷가에 있는 장수마을에서는 양식을 하지 않고 바다에서 잡히는 자연산 생선을 먹는다. 농약을 사용하지 않고 재배한 농작물, 방목하여 기른 가축, 양식을 하지 않고 바다에서 자란 자연산 해산물을 먹는 것이 장수마을의 특징이라고 할 수 있다. 이와 같이 농약을 사용하지 않고 재배한 유기농 과일과 채소, 방목하여 기른 가축으로부터 생산된 축산물, 바다에서 자연적으로 자란 자연산 해산물이 바로 거친 음식이다.

거친 음식으로 생각부터 바꾸기

제2차 세계대전 후 미국 정부는 고민에 빠졌다. 어떻게 하면 전쟁 중에 쓰다 남은 화학재료를 남김없이 다 쓸 수 있을까?

고민 끝에 내린 결론은 농약으로 사용하는 것이었다. 전쟁 중에 탄약으로 사용했던 질산암모늄은 질소비료로 둔갑했고, DDT가 널리 사용되기 시작했다. 그 결과, 농약을 사용함으로써 수확량이 급증하자 농부들 뿐만 아니라 소비자들도 흥분하게 되었다.

1950~1960년대 미국에서 출판된 요리책들을 보면 세계대전 후 풍요로웠던 미국 사회의 음식문화를 엿볼 수 있는데, 얼핏 보기만 해도 기가 막히게 음식을 많이 먹었던 것을 알 수 있다. 요리할 때마다 고기 · 버터 · 마요네즈를 아낌없이 썼고, 주부들은 그런 음식문화에 맞춰 부엌일을 하느라 꽤나 힘이 들었다.

예를 들어 1962년에 출판된 요리책(Betty Crocker's Cooking Calendar)을 보면 빠르고 쉬운 저녁(Quick and Easy Dinner)으

로 양고기 스테이크와 민트 젤리·감자튀김·버터로 요리한 당근·샐러드·브래드스틱·과일 아이스크림을 준비했다. 물론 60년대 후반부터 70년대까지 히피들 사이에서는 웰빙 음식이 인기를 얻었지만 주류사회에서는 여전히 대량의 음식을 소비하고 있었다.

내가 자란 80년대도 마찬가지였다. 차이가 있다면 50년대보다 음식의 양이 더 많아졌고 가공식품의 섭취가 더 늘어났다는 것이다. 당연히 나도 어렸을 때 그 '풍요로움' 속에서 가공식품을 즐기면서 자랐다. 하지만 귀국 후 농가로 이사 간 다음에는 음식에 대한 생각이 많이 바뀌었다. 농약냄새를 맡아본 사람들은 알겠지만 그 냄새는 정말 지독하다. 특히 우리 집 주위에서 농약을 뿌리는 것을 본 후에는 슈퍼에서 본 야채들을 다 꺼리게 되었다. 그러다 보니 점점 외식도 꺼리게 되었고, 친구들 사이에서는 '음식에 유난을 떠는 애'로 각인되었다. 고등학교 때까지는 부모님이 만들어준 음식을 먹고 편하게 다녔지만, 미국에 유학을 간 후에는 스스로 알아서 내 건강을 지켜야 했기에 음식에 관심이 많은 친구들과 함께 거친 음식을 찾아 다녔다. 그때 난 샌프란시스코에 살았는데 생활협동조합(food co-op)에서 매주 장을 보았다.

생협에 가면 도정하지 않은 곡물을 마음껏 살 수 있었고, 유기농 야채를 좀 더 저렴하게 구입할 수 있었기 때문이다. 당시 고등학생이었던 동생은 생협에서 사는 통밀빵보다는 슈퍼에서 파는 흰빵을 더 좋아했는데, 한 번은 맘먹고 동생에게 '흰빵의 실체'를 보여주기 위해 '흰빵 대 통밀빵의 비교' 실험을 한 적이 있다. 동생에게 부엌 조리대 위에 흰빵과 통밀빵을 나란히 놓고 지켜보라고 했다. 3일 후에 통밀빵은 방부제가 안 들어간 탓에 벌써 곰팡이가 피기 시작했지만 슈퍼에서 산 흰빵은 3주가 지나도 멀쩡했다. 그 후 동생도 생각이 많이 바뀌었다. 빵을 살 때마다 "그래도 통밀빵은 별로야!" 라면서도 흰빵을 사자는 말은 절대 하지 않았다.

껍질째 통째로 먹여라

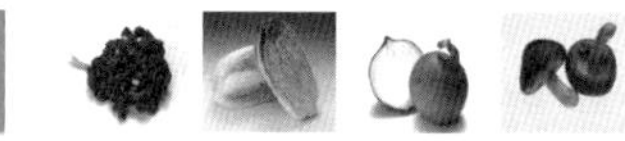

음식을 먹은 후 2~3시간 만에 혈당이 얼마나 올라가는지 측정한 값을 혈당지수(glycemic index)라고 한다. 설탕이 많이 들어있는 캔디 · 초콜릿 · 청량음료 · 과일주스 및 각종 가공식품 등은 혈당지수가 높은 식품들이다. 이러한 식품들은 혈당을 쉽게 증가시킨다.

우리의 몸속에서 혈당이 증가되면 인슐린 분비가 증가된다. 인슐린이 계속 분비되어 당이 소모되면 혈당량이 다시 낮아진다. 그렇게 되면 집중이 안 되고, 쉽게 피로해지며 신경질이 난다. 혈당이 낮은 상태가 지속되면 식욕이 더욱 강해져 더 많이 먹게 된다. 또한 설탕을 지나치게 많이 섭취하면 설탕은 중성지방으로 전환되고, 중성지방은 체내에 저장되어 비만에 이르게 된다. 혈당을 쉽게 높이는 것은 꼭 설탕만이 아니다. 흰빵 · 쌀밥 · 떡 · 쿠키 · 케이크 등 부드러운 음식 역시 몸 안에서 쉽게 소화되어 혈당을 높인다.

거친 음식은 혈당의 등락폭을 줄인다

거친 음식은 천천히 소화되기 때문에 혈당이 빨리 올라가지 않아 혈당 등락폭의 변화가 적다. 또 칼로리 함량이 비교적 적고, 부피가 커서 먹는데 시간이 많이 걸리고 위에 포만감을 준다. 많이 먹어도 많은 칼로리를 섭취하기 어렵고, 쉽게 배가 부르기 때문에 체중감소에도 도움이 된다. 또한 거친 음식은 무기질이나 비타민을 많이 함유하고 있으며, 식이섬유·항산화물질·이소플라빈과 같이 질병을 예방하고 치료하는 효과가 있는 생리활성물질을 많이 함유하고 있다.

껍질째 먹으면 왜 좋을까?

볍씨를 논에 뿌리면 벼 한 톨의 씨눈에서 싹이 나와 수백 개의 열매를 맺는다. 그 만큼 씨눈에는 영양분이 풍부하다.

벼에서 왕겨만 벗겨낸 것이 바로 현미이다. 현미에서 쌀겨를 벗겨내면 백미가 되는데, 이 과정에서 현미에 있는 씨눈까지도 제거되어 많은 영양소를 잃어버리게 된다. 현미의 씨눈이나 쌀겨 층에는 식이섬유·비타민·아라비노자일란·피트산·사포닌·페놀산 등 암을 예방하는 피토케미칼이 많이 들어 있다. 하지만 이런 쌀겨 층이나 씨눈을 벗겨내면 이러한 영양소의 90% 이상은 제거되고 흰쌀에는 칼로리를 내는 탄수화물만 남아 있게 된다. 따라서 건강을 유지하려면 도정하지 않은 곡물을 먹어야 한다. 사과·복숭아·살구·자두 등 과일 껍질에도 비타민이나 무기질이 풍부하므로 껍질째 먹는 것이 좋다. 하지만 농약 걱정 때문에 껍질을 다 제거하고 속 알맹이만 먹고 있는 것이 우리의 현실이다. 그러나 유기농으로 재배한 것을 껍질째 먹어야 우리 몸에 훨씬 더 좋다.

통째로 먹어야 우울증과 불면증을 예방할 수 있다

비타민 B_1이 부족하면 건망증·불면증·우울증 등이 나타난다. 따라서 비타민 B_1이 많이 들어 있는 현미나 도정하지 않은 곡물을 먹어 스트레스에 의한 무력감을 없애 주어야 한다. 피로와 스트레스를 느낀다면 비타민 B_6의 섭취를 늘리는 것이 좋다. 비타민 B_6도 곡물의 겨 층에 많이 들어 있으므로 통째로 먹어야만 한다.

음식을 많이 씹어 먹을수록 소뇌를 자극해서 스트레스를 줄일 수 있다. 그러나 우리가 먹는 음식은 대부분 부드러워 씹어 먹을 것이 별로 없다. 음식을 통째로 먹어야 씹어 먹는데 도움이 된다.

최근 서양 슈퍼마켓의 빵 코너에 가보면 통밀로 만든 빵이 상당히 많은 자리를 차지하고 있다. 통밀빵은 흰 밀가루에 익숙해있는 우리에게는 꺼끌꺼끌하여 처음에는 먹기에 거북스럽다. 통밀을 통째로 부수어서 만든 통밀빵은 많이 씹어 먹어야 하기 때문이다.

통째로 먹어야 오래 산다

우리 조상들은 수천 년 동안 맷돌이나 디딜방아와 물레방아를 사용하여 도정을 해왔다. 보리나 밀을 통째로 맷돌에 갈아 밥 위에 쪄서 개떡이라는 것을 만들어 먹기도 했고, 보리나 수수가루로 반죽을 하여 수제비를 만들어 먹기도 했다. 그러다가 1930년경 정미기와 제분기가 도입되었다. 그러나 우리의 입맛을 좋게 하기 위하여 도입된 도정기와 제분기는 오히려 우리에겐 '최악의 발명품'이 되고 말았다. 우리 몸에 필요한 비타민 · 무기질 · 식이섬유 등이 모두 씨눈과 겨층에 들어 있는데 이들 영양성분들이 모두 도정과 제분과정에서 겨로 제거되기 때문이다.

당연히 통째로 먹으면 적게 먹을 수밖에 없다. 그러나 적게 먹어야 장수한다. 쥐의 수명은 보통 3년 정도라고 한다. 하지만 많이 먹느냐, 적게 먹느냐에 따라 수명이 달라진다고 한다.

1935년 미국 코넬대학 멕케이 교수는 쥐 실험을 통해 마음껏 먹게 한 쥐는 30개월 정도 살았지만, 30% 정도 절식을 하게 한 쥐는 48개월까지 살았다고 보고했다. 또 1961년 필라델피아의 암 연구소의 로스 박사는 절식을 시킨 쥐가 59개월까지 살았다고 보고했다.

그러나 무조건 칼로리 섭취량만 줄인다고 수명이 연장되는 것은 아니다. 하지만 통째로 먹으며 절식을 하면 혈압 · 콜레스테롤 · 혈당 등의 수치가 낮아지고 암이나 당뇨의 위험도도 낮아져 오래 살 수 있다.

미국의 슈퍼마켓에서 팔고 있는 거친 곡물

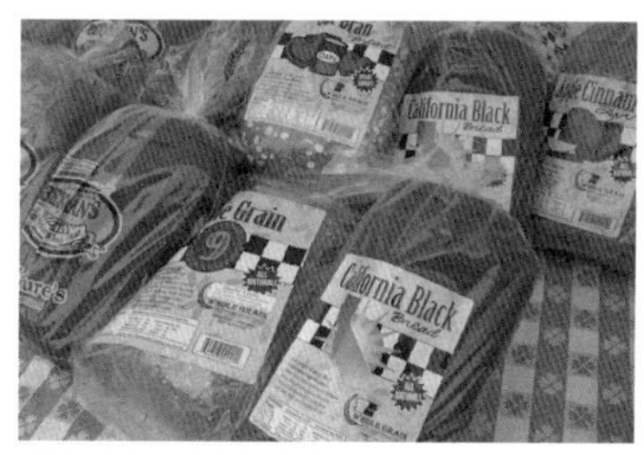

미국 파머스마켓에서 팔고 있는 거친 통밀빵

색과 향이 진한 음식을 먹여라

모든 생물체는 햇볕을 받아야만 건강하다. 식물체도 마찬가지이다. 식물체는 원래 고유의 색을 가지고 있지만 햇볕을 듬뿍 받으면 색이 더 진해지고 향도 강해진다.

거칠게 자란 식물일수록 색과 향이 진하다. 색과 향이 진한 식품에는 생리활성물질이 많이 농축되어 있다. 색과 향이 진하면 그만큼 몸에 좋다. 과일과 채소의 색과 향을 살펴보면 그 식물이 어떤 환경에서 자랐는지 알 수 있으며, 우리 몸에도 좋은 음식인지 아닌지 구별할 수 있다.

1991년부터 미국에서는 5가지 야채와 과일을 하루에 적어도 5차례 이상 먹자는 '5-5 운동'을 펼치고 있다. 이는 야채와 과일에 병을 예방하는 생리활성물질이 많이 들어있기 때문이다. 생리활성물질에는 수천 가지가 있지만 중요한 생리활성물질을 살펴보면 다음과 같다.

흑색과 보라색의 안토시아닌은 플라보노이드 계통의 색소이다. 안토시아닌은 항 산화력이 강하여 면역력을 향상시키고, 시력을 좋게 한다. 안토시아닌은 블루베리 · 검정쌀 · 검은콩 · 적포도 · 검은깨 · 자두 · 가지 등에 많이 들어 있다.

황색의 카로테노이드는 주로 노란색, 주황색 계통의 채소에 많이 들어 있다. 베타카로틴인 비타민A는 성장을 촉진시키는데 필요하며, 야맹증을 예방해 주고 각막을 튼튼하게 해줘 시력에 좋다. 또한 비타민A는 건조한 피부의 건강에 필요하다. 호박 · 고구마 · 감 · 살구 · 칸탈루프 · 당근 · 시금치 등에 많이 들어있다.

적색의 라이코펜은 붉은 토마토에 들어있는 물질로 피가 엉기지 않고 잘 흐르게 해주어 동맥경화를 예방하고 심장을 강하게 한다. 또한 전립선암이나 유방암과 같은 암에도 효과가 있다. 빨갛게 잘 익은 토마토일수록 라이코펜이 많이 들어 있고 익혀 먹을수록 흡수율이 높아진다. 포도의 폴리페놀이나 고추의 캡사이신도 항암효과가 있다.

녹색의 엽록소는 케일 · 브로콜리 · 쑥갓 · 시금치 · 키위 · 배추 등의 식물에 많이 들어 있다. 상처를 치유하고 세포를 재생시키는 역할을 하여 유전자의 손상을 방지하고 암 발생을 억제하는 역할을 한다. 브로콜리 · 컬리플라우어 · 케일 · 양배추 등 십자화과 채소에 많이 들어 있는 설포라펜은 황을 함유하는 화합물로 암을 억제하는 물질이다.

백색의 마늘 · 양파 등에 많이 들어 있는 유황 아릴 화합물인 알리신은 활성산소를 제거하여 위암이나 대장암의 위험을 낮춰준다. 또 혈중 콜레스테롤을 분해하여 관상동맥질환의 예방에 효과가 있다. 양파에 들어 있는 쿼세틴은 고혈압을 예방하며, 도라지의 사포닌은 기침에 좋다.

생리활성물질이 풍부한 색깔 있는 과일

 **쥬니맘표 레시피 – 검은콩조림**

재료

검은콩 300g, 조청 3큰술, 간장 1큰술, 올리브유 1큰술

만들기

❶ 검은콩 300g을 깨끗이 씻어 물에 10분 정도 담가둔다,

❷ 검은콩을 약 30분 정도 삶는다.

❸ 조청과 간장을 넣고 가열하다가 올리브유를 넣어 윤기가 나게 졸인다.

❹ 파슬리를 다져 넣고 소금으로 간을 한다.

검은콩은 항산화물질을 가장 많이 함유하고 있으며, 검은색의 안토시아닌 색소를 다량 함유하고 있다. 안토시아닌 색소는 로돕신의 합성을 촉진하는 역할을 하여 시력을 좋게 하고, 눈의 피로를 회복시켜주는 역할을 할 뿐만 아니라 콜라겐의 기능을 향상시켜서 피부에 탄력과 생기를 준다. 또 양질의 단백질이 들어 있고, 인지질 성분과 비타민B · E가 많이 들어 있어 피부를 건강하고 촉촉하게 해주며, 머리카락에도 좋다. 특히 아연이 많이 들어있어 피부가 손상되었을 때 복구하는 역할도 하며 피부의 감염을 예방해준다.

 **쥬니맘표 레시피 – 당근 찹쌀죽**

재료

찹쌀 50g, 닭육수 500ml, 파슬리 1줄기, 소금 약간

만들기

❶ 당근은 껍질을 벗겨 0.2cm 크기로 잘게 다진다.

❷ 찹쌀은 2시간 이상 불려 놓는다.

❸ 육수에 찹쌀을 넣고 끌인 후 당근을 넣고 잘 저어주면서 약한 불로 끓인다.

●닭육수 만들기

우리 집에서는 보통 한 달에 두 번 정도 닭고기를 먹는데 닭고기를 통째로 구입한다. 부위별로 사는 것보다는 한 마리를 통째로 사면 더 저렴하게 구입할 수 있다. 첫날에는 오븐에 구워서 로스트를 만들고 다음 날에는 살을 발라낸 뼈를 가지고 육수를 만든다.

육수를 바로 먹지 않을 경우엔 육수를 1컵 정도로 졸여서 냉동시킨다. 1컵 정도로 졸이면 보통 얼음 틀에 다 들어간다. 냉동시킨 후에는 얼음 틀에서 꺼내 지퍼백에 담아서 보관한다. 그리고 육수가 필요할 때마다 꺼내 쓰는데, 육수 냉동 조각 1개당 물 1컵을 합해서 쓰면 알맞다.

재료

닭 한 마리의 뼈, 당근 2개, 양파 1개, 통후추 1큰술, 마늘 6쪽, 물 5컵

만들기

❶ 큰 냄비에 재료를 다 넣고 중불에 올린다.

❷ 끓어오르면 거품을 걷어내고 불을 낮춘다.

❸ 약한 불에서 1시간 정도 끓이다 불을 끈다

🧑 야맹증에 좋은 당근

당근은 비타민A가 많이 들어 있어 야맹증에 좋다. 당근 100g에는 빨간색의 카로틴 색소성분에서 연유한 비타민A가 7.3mg이나 들어있다. 비타민A는 피부를 곱고 매끄럽게 해주며, 병균에 대한 저항력을 높여준다. 한방에서 당근은 위와 장을 깨끗하게 씻어주는 역할을 하여 건위 및 소화불량·백일해·해수 등에 쓰이고, 기운이 허약해서 일어나는 복부팽만 증상을 치료하

는데 이용된다. 당근 100g에는 3g의 식이섬유가 들어있고, 칼로리는 34kcal에 불과해 다이어트에 좋다. 다이어트 중에 당근을 날로 씹어 먹으면 식사량도 줄일 수 있고, 스트레스 해소에도 도움이 되며, 통변에도 도움이 된다.

 **쥬니맘표 레시피** – 케일칩

케일은 특유의 쓴맛 때문에 싫어하는 사람들이 많다. 하지만 오븐에 구우면 쓴맛은 없어지고 대신에 칩처럼 바싹바싹 한 간식거리가 된다.

재료

케일 1단, 올리브유 2큰술

만들기

❶ 오븐을 190℃로 가열한다.

❷ 예열하는 동안 케일을 씻어서 물기를 최대한 턴 후 줄기부분은 제거하고 한 입 크기로 썰어 놓는다.

❸ 올리브 오일과 썬 케일을 큰 그릇에 담고 골고루 섞는다.

❹ 케일이 서로 붙지 않도록 넓게 펼쳐서 베이킹 시트에 깐 후 예열된 오븐에 넣고 15분간 굽는다.

❺ 케일의 가장 자리가 갈색으로 변하고 중간부분이 바싹 해지면 꺼낸다.

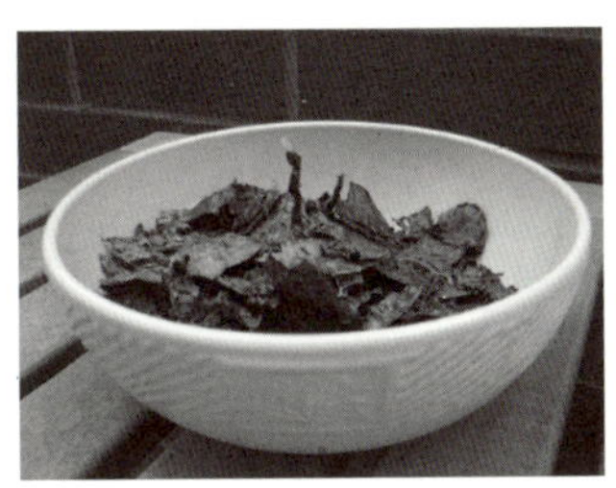

엽록소가 풍부한 케일

　케일의 진한 색소에는 엽록소가 풍부하다. 케일에는 발암물질을 해독할 수 있는 '인돌'이라는 성분이 들어있다. 케일에는 비타민A와 C, 비타민B_1 · B_2 등이 풍부할 뿐만 아니라 칼슘이 양배추보다 더 많이 들어있다. 케일의 어린잎은 쌈으로도 먹지만 억센 잎은 녹즙을 만드는 데에는 필수적으로 사용되는 채소이다. 케일만으로 만든 녹즙이 향이 너무 강하여 마시기 어려운 경우에는 당근이나 사과, 양배추 등을 섞어서 만들어 먹으면 좋다.

재료

토마토 2개, 마늘 1쪽, 식빵 1장, 올리브유 1큰술, 다진 파슬리, 바질가루, 파마슨 치즈가루, 소금, 후춧가루 약간씩

만들기

❶ 토마토를 반으로 자른 후 작은 숟가락으로 씨를 살짝 제거한다.

❷ 식빵은 살짝 구운 뒤 체에 문질러 내려 빵가루를 만든다.

❸ 볼에 올리브유, 다진 마늘, 파슬리, 바질가루, 치즈가루, 빵가루를 넣고 골고루 섞은 뒤 소금과 후춧가루로 간하여 소를 만든다.

❹ 씨를 제거한 토마토에 ❸의 소를 넣고 올리브유를 살짝 뿌린다.

❺ 오븐 용기에 올리브유를 두른 뒤 ❹를 얹어 160℃에서 15분 동안 굽는다.

《TIME》지가 10대 항암 식품 중 하나로 선정할 만큼 영양소가 풍부하다. 특히 라이코펜은 세포 내에 축적되는 활성산소를 제거하는 산화방지제 역할을 하여 여러 가지 질병을 예방해준다. 한 입 크기로 썰어 샐러드로 만들어 먹거나 수프를 끓여 먹어도 좋고 케첩이나 소스로 만들어 먹을 수 있다. 라이코펜은 기름에 잘 녹는 지용성이므로 살짝 익혀 먹거나 올리브유에 조리해 먹으면 맛도 있고, 흡수도 잘된다.

가공하지 않은 자연음식을 먹여라

　우리 조상들은 수천 년 동안 자연 그대로의 음식을 먹으며 살아왔다. 때문에 우리 몸도 자연음식에 맞도록 유지되어 왔다. 그러던 것이 불과 수십 년 전부터 우리의 입맛에 맞추기 위해 여러 가지 화학첨가물을 첨가하여 가공식품을 만들어왔다.

　식품에 가장 널리 사용되는 첨가물은 식품의 모양과 맛을 좋게 하기 위해 사용하는 색소나 향료이다. 빵ㆍ식육제품ㆍ건포도 등 가공식품을 오랫동안 보존하기 위해 방부제가 사용되고, 식품이 공기 중에서 변화하는 것을 방지하기 위해 산화방지제를 사용한다. 식품의 제조과정에서 기름과 잘 섞이도록 하기 위한 유화제, 입안에서의 감촉을 좋게 하기 위한 점착제, 빵을 부풀게 하기 위해 팽창제를 사용하고, 영양가를 보충하기 위해 비타민이나 아미노산 등을 보충하기도 한다.

　현재 우리나라에서 법적으로 사용 가능한 식품첨가물만 해도 600가지가 넘는다. 그 중 400여 가지는 화학적으로 합성한 화학물질이다.

현재 우리나라는 식품첨가물을 어느 정도 섭취하고 있는지 공개하지 않아서 알 수 없다. 일본이나 미국의 경우 1인당 연간 4kg 정도 섭취하는 것으로 조사됐다.

국내에서 사용이 허가된 식품첨가물은 개별 첨가물에 대해 안전성 평가를 거쳐 1일 섭취 허용량이 정해져 있다. 하지만 우리 아이들은 한 가지 가공식품만 먹는 것이 아니다. 라면·과자·스낵·햄·소시지·아이스크림·요구르트·청량음료·햄버거·피자·사탕 등 여러 가지 가공식품을 먹으며 하루에 먹는 식품첨가물의 종류만 해도 무려 수십 가지가 넘는다. 아이들이 여러 종류의 가공식품을 먹다 보면 개별 식품첨가물의 허용치를 초과할 수 있다. 또한 수십 가지의 첨가물을 복합적으로 장기간 섭취했을 때 우리 몸에 어떤 영향을 주는지에 대해서는 아무도 모른다.

가공식품이나 인스턴트 식품 중에는 첨가물이 들어가 있지 않은 식품을 찾아보기 힘들다. 심지어 건강을 유지하기 위해 먹는 비타민제에도 수많은 종류의 첨가물이 들어가 있다. 아무리 첨가물이 들어 있는 식품을 피하려 한다고 하더라도 가공식품을 먹는 한 피해갈 방법이 없다. 단지 가공식품의 섭취를 과감히 줄인다면 식품첨가물의 섭취를 최소화할 수 있다.

식품을 살 때는 어떤 종류의 첨가물이 들어 있는지 상표를 살펴봐야 한다. 물론 가공식품의 상표에는 첨가된 모든 식품첨가물이 모두 기재되어 있지 않다. 한 가지 가공식품에 수십 가지 식품첨가물이 첨가된 경우 이를 모두 상표에 표시할 수 없기 때문이다. 가장 좋은 방법은 색이 너무 아름답거나 모양이 지나치게 깨끗한 식품, 유통기간이 너무 긴 식품 등은 인공색소나 방부제를 사용했을 가능성이 있으므로 구입을 자제하는 것이다.

첨가물을 피할 수 있는 가장 좋은 방법은 자연 음식을 먹는 것이다. 생명체인 우리 몸이 살아가기 위해서는 우리 몸에 맞는 환경 속에서 우리 몸에 맞는 생명력이 있는 자연 음식을 먹고 살아야만 한다. 첨가물이 들어 있는 가공식품 대신 집에서 직접 조리해서 먹는 자연 음식이 우리 몸을 살리는 거친 음식이다.

아이들을 유혹하고 있는 불량식품들

가공식품의 유혹으로부터 아이를 구해내라

미국의 음식이라고 하면 보통 햄버거나 스테이크를 생각하지만 미국에서도 나름대로의 전통음식이 있다. 메인 주의 랍스타(lobster, 바다가재), 보스턴의 베이크드 빈(baked bean), 고구마 파이(pie), 비스킷(biscuit) 그리고 바비큐(barbecue) 등이 있다.

미국 남부 비스킷은 유럽의 얇고 과자처럼 생긴 비스킷과는 달리 밀가루에 베이킹파우더나 소다를 넣어서 구운 둥글고 폭신한 빵이다. 비스킷은 남부에서는 아침 · 점심 · 저녁으로 먹을 만큼 사랑을 받는 음식이다.

그러면 베이킹소다나 파우더가 개발되기 전에는 어떻게 비스킷을 부풀렸을까? 정답은 바로 '노예'다. 베이킹소다나 파우더가 개발되기 전에는 비스킷 반죽을 떡 치듯이 오랫동안 치대어야 빵이 뽀송뽀송하게 부드러워졌기 때문에 반죽을 그루터기에 놓고 큰 망치로 노예들이 반죽을 쳤다. 보통은 100번 정도 치댔지만 손님상에 올릴 때에는 최소한 300~500번 이상 치댔다고 한다. 그래야만 더 맛있기 때문이다. 그러니 노예를 둘 만큼 여유가 없었던 가정에서는 비스킷을 먹을 수 없었다.

1931년 깡통에 든 반죽이 처음으로 미국 시장에 소개되었다. 남부에 사는 사람들 중에는 반죽을 직접 만드는 경우도 있지만 요즘에는 깡통의 반죽을 사용하거나 비스킷가루를 사다가 호떡을 만들어 먹는 사람들이 대부분이다. 나도 유학을 간 첫해 겨울에 다른 유학생들에게서 깡통 비스킷 반죽으로 호떡을 만들어 먹는 법을 배웠다. 동그랗고 두꺼운 반죽을 호떡 모양으로 납작하게 만든 후 그 속에 흑설탕을 넣고 구워 먹었던 기억이 난다. 하지만 깡통 반죽에는 흰밀가루 · 반경화유 · 덱스트로스 · 설탕 · 소금 · 잔탄검 · 화학조미료 등이 들었기 때문에 자연히 멀리할 수밖에 없었다.

시어머니께서 남편이 대학갈 때 적어주신 가족 레시피 노트에도 비스킷 레시피에는 트랜스지방인 쇼트닝이 $\frac{3}{4}$컵이나 들어간다. 또 비스킷은 부드럽고 폭신한 것이 특징이므로 통밀가루로는 만들 수가 없다. 쇼트닝이 들어간 파이도 마찬가지다. 비스킷은 아직까지는 별다른 개선의 여지가 없다. 원래는 몸에 좋았던 음식이 공장에서 가공식품으로 변형되면서 몸에 나빠진 경우이다.

2002년 영국영양협회에서 모 회사에서 생산되는 70가지 품목에 대하여 '심혈관질환에 좋다'는 문구를 달 수 있도록 허용했다. 소금·설탕·지방이 듬뿍 든 가공식품에 심혈관질환에 좋다는 문구를 사용하는 것이 옳지 못하다고 항변하는 전문가도 많았지만 영국영양협회는 영국인의 평균 일일 야채와 과일 섭취율이 총 3회에 불구하기 때문에 어떻게 해서든지 그 섭취량을 늘리는 것이 중요하다고 주장했다.

그 회사의 제품 중 가장 인기가 높은 품목 중 하나는 베이크드 빈(baked beans)인데 콩·토마토·물·설탕·포도당 시럽·옥수수 변성전분·식초·조미료가 들어 있다. 하지만 그 자체가 나쁜 것은 아니다. 오히려 그 반대다. 베이크드 빈은 말 그대로 콩을 오븐에 넣고 장시간 베이크 하는 새콤달콤한 요리이다.

우리 집에서는 설탕 대신에 복숭아로 단맛을 낸다. 복숭아 소스에는 복숭아뿐만 아니라 토마토 당근·양파·피망·샐러리가 들어 있는 토마토소스가 있어서 영양가가 만점이다. 케첩도 마찬가지다. 시중에서 판매하는 케첩에는 토마토와 식초, 포만감을 억제해서 비만을 초래하는 고과당시럽·옥수수물엿·소금·향신료·양파가루·조미료가 들었다.

우리 집에서는 케첩을 많이 먹지는 않지만 가끔 재미로 만들어 먹을 때도 있다. 설탕 대신에 복숭아와 사과로 단맛을 내고 소스를 최대한 졸여서 식초를 넣으면 홈메이드 케첩이 된다.

재료

굵게 다진 토마토 중간 크기 6개, 굵게 썬 양파 1개, 굵게 썬 당근 1개, 굵게 썬 셀러리 1 줄기, 마늘 5쪽, 굵게 썬 붉은 피망 $\frac{1}{2}$개, 올리브 오일 2큰술

만들기

❶ 냄비에 올리브 오일을 두르고 뜨거워지면 양파 · 당근 · 샐러리를 중불에서 3분간 볶는다.

❷ 마늘, 붉은 피망을 넣고 3분간 더 볶는다.

❸ ❷에 토마토를 넣고 끓어오르면 약한 불로 줄인다.

❹ ❸을 냄비 바닥에 붙지 않게 저어주면서 30분 정도 끓인다.

❺ 핸드믹서로 갈아준다.

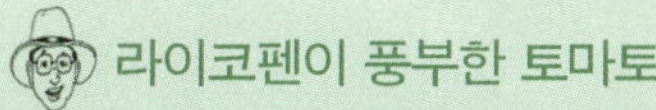

라이코펜이 풍부한 토마토

토마토에는 라이코펜이라는 생리활성물질이 들어 있어 각종 질병을 예방해준다. 또 칼륨이 들어있어 염분을 체외로 배출시켜 피를 맑게 해주고 부종을 방지하는 효과가 있으며, 식이섬유가 풍부해 포만감을 줄 수 있어 다이어트에 자주 이용된다.

토마토소스 레시피에는 토마토뿐만 아니라 여러 가지 야채와 함께 믹서로 갈기 때문에 여러 가지 야채를 한 번에 먹을 수 있어서 좋다. 토마토소스는 냉동실에 6개월가량 저장할 수 있으므로 만들 때 두세 배로 만들었다가 특별한 요리가 하기 귀찮은 날에 냉동실에서 꺼내서 파스타를 만들어 먹을 수 있어서 편리하다.

 쥬니맘표 레시피 – 복숭아소스

재료

토마토소스 2컵, 깍둑썬 복숭아 4개

만들기

❶ 토마토소스에 복숭아를 넣고 걸쭉해질 때까지 30분 정도 끓인다. 끓이는 동안 냄비 바닥에 눌어붙지 않게 저어준다.

❷ 불을 끈 후 핸드믹서로 갈아준다.

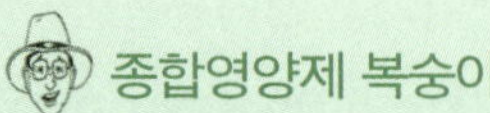

종합영양제 복숭아

복숭아에는 비타민이 풍부하다. 특히 체내에서 비타민A로 전환되는 베타카로틴이 풍부하며, 면역력을 증강시켜주는 비타민C가 풍부하다. 복숭아의 새콤한 맛은 사과산이나 구연산과 같은 유기산이 많이 들어 있기 때문이다. 복숭아에는 펙틴이라는 식이섬유가 많이 들어있다. 펙틴은 배변을 촉진하여 변비의 치료에 좋으며 대장암 예방에도 효과가 있다.

 **쥬니맘표 레시피 – 홈메이드 케첩**

재료

복숭아 소스 2컵, 사과 2개, 식초 1/3컵

만들기

❶ 재료를 냄비에 담고 끓어오르면 약한 불로 줄여서 뚜껑을 덮지 않은 채 3시간 동안 줄인다.

❷ 바닥에 붙지 않게 15분마다 한 번씩 저어준다.

 # 쥬니맘표 레시피 – 베이크드빈(Baked Bean, 구운콩)

재료

복숭아소스 2컵, 다진 양파 1컵, 다진 마늘 3쪽, 흰콩 1컵, 당근 1개 , 올리브 오일 2큰술, 소금 $\frac{1}{2}$작은술, 파인애플(선택)

만들기

❶ 8~24시간 정도 물에 불린 콩을 냄비에 담고 새물을 붓고 콩이 익을 때까지 1시간 정도 삶는다.

❷ 큰 냄비에 올리브 오일을 두르고 다진 양파 · 마늘 · 곱게 다진 당근을 넣고 3분간 볶는다.

❸ ❷에 복숭아소스, 소금 그리고 삶은 흰콩을 넣고 1시간 동안 약한 불에서 끓이거나 175℃ 오븐에 1시간 동안 굽는다. 파인애플을 좋아한다면 복숭아소스를 넣을 때 썬 파인애플도 넣는다.

콩에는 단백질이 풍부해 성장하는 아이들에게 단백질을 공급해주고, 식이섬유가 많아 장의 운동을 활발하게 하여 배변이 용이하게 해준다. 인지리 성분과 비타민B와 E가 많이 들어 있어 피부를 건강하게 해준다.

콩 속에 들어 있는 레시틴은 뇌의 건강과 활력을 유지시켜주는 효과가 있으며, 콩 속에 들어 있는 사포닌은 항암 효과가 있다. 날콩은 소화력이 떨어지기 때문에 익혀 먹는 것이 좋다.

철 따라 나오는 제철 음식을 먹여라

'제철 음식이 보약이다.'라는 말이 있다. 이는 자연의 순리에 따라 제철에 우리 땅에서 나오는 먹을거리를 먹는 것이 건강한 삶을 유지하는 지름길이라는 뜻이다. 제철에 나오는 신선한 음식이 좋은 이유는 음식은 시간이 지남에 따라 맛과 영양가가 손실되기 때문이다. 예를 들어 지방은 공기 중의 산소와 결합하여 산화되고, 비타민도 산화되어 손실된다. 특히 비타민C는 매우 불안정하여 쉽게 산화되어 효력이 상실된다.

가공 중에 열을 가하게 되면 많은 양의 영양소가 파괴되어 버린다. 일반적으로 통조림 식품은 신선한 식품이나 냉동식품에 비해 영양소가 적게 들어 있다. 통조림을 제조하는 공정에서 열처리를 하게 되면 많은 영양소가 파괴되기 때문이다. 따라서 오래된 가공식품보다는 여름철에는 몸을 시원하게 해주는 신선한 음식을 먹고, 겨울철에는 몸을 따뜻하게 해주는 음식을 먹는 것이 좋다. 철 따라 우리 땅에서 나오는 제철 음식을 그때그때 먹어 우리 몸을 지켜야 한다.

요즘 아이들은 딸기가 어느 철에 나오는지 잘 모른다. 비닐하우스에서 재배한 딸기가 사시사철 나오기 때문이다. 하지만 제철에 노지에서 햇볕을 듬뿍 받고 자란 딸기라야 제 맛을 낸다. 비닐하우스에서 재배된 채소와 과일은 햇볕을 덜 받아 녹색의 엽록소의 양이 적어져 맛이 떨어지고, 식이섬유와 각종 생리활성물질의 생성이 적어져 영양가도 떨어진다. 또 같은 토양에서 여러 번 작물을 반복해서 재배하다 보면 토양의 미량 영양소가 적어지고 그 속에서 자란 식물체는 연약해진다. 즉 비닐하우스에서 재배된 것보다는 자연환경 속에서 햇볕과 토양의 기운을 듬뿍 받아 자란 신선한 채소가 맛과 영양가가 풍부하다. 그런 음식이 바로 거친 음식이다.

봄철에 기운이 나게 하는 제철 음식

비닐하우스가 없던 시절에는 철 따라 제철 음식이 나와 우리의 식탁을 풍요롭게 해주었다. 봄철이 되면 산에는 추운 겨울을 이겨내고 참두릅·개두릅·취나물·참나물 등이 나오고, 들이나 집 주위에는 달래·냉이·씀바귀·고들빼기·쑥·민들레·질경이 등이 솟아나왔다. 또 뒷산, 논두렁, 밭두렁, 길가에는 어김없이 쑥이 나왔다.

옛말에 '100가지 질병을 치료하는데 쑥만 한 약이 없다.'고 했다. 쑥은 몸 안에 쌓인 독소를 몸 밖으로 내보내는 해독작용이 뛰어나고 면역력을 강화시켜주고 세균의 성장을 저해하는 항균 및 항암작용이 있다. 쑥뿐만 아니라 각종 봄나물은 비타민과 생리활성물질이 풍부해 겨우내 영양섭취가 부족해서 생겨나는 춘곤증을 이겨내게 해주었다.

산나물은 산과 들에서 저절로 자란 식물로 향기가 강하고 맛이 약간 쌉싸래한 것이 특징이다. 또 종류가 매우 다양해서 '99가지 나물의 노래를 부를 줄 알면 3년 가뭄도 이겨낸다.'는 옛말이 있을 정도였다. 먹는 방법도 매우 다양하다. 날 것 그대로 쌈으로 먹거나 살짝 데쳐서 초고추장에 찍어 먹기도 한다. 양념간장에 무쳐 먹기도 하고, 볶아 먹기도 한다. 된장과 멸치, 조개를 넣고 국을 끓여 먹으면 그 맛이 일품이다. 산나물은 농약과 화학비료를 사용하지 않고 산에서 자연 그대로의 거친 환경에서 자란 대표적인 거친 음식이다.

우리 집 담장 밑에는 매년 봄이면 부추가 솟아나온다. 예로부터 부추는 기력을 왕성하게 해준다고 해서 '봄 부추는 아들보다는 사위에게 준다.'는 말이 생겨나기도 했다. 아들에게 주어 며느리 좋은 일 시키느니 차라리 사위에게 줘서 딸과 사이 좋게 만든다는 뜻에서 생겨난 말이다.

마당에는 뽕나무와 감나무도 여러 그루 있다. 처음 농가로 이사 간 후 아무것도 몰랐을 때는 뽕나무를 잘라 버렸다. 뽕잎은 누에나 먹는 것으로 생각했기 때문이다. 하지만 뽕잎이나 감잎에는 활성산소를 없애주는 폴리페놀 성분이 많아 여러 가지 효능이 있다는 사실을 미처 생각하지 못했다. 매년 이른 봄에 나는 어린 뽕잎과 감잎을 채취하여 살짝 데친 후 그늘에서 말려 뽕잎차와 감잎차를 만든다.

여름철에는 땀을 많이 흘리고 체력 소모가 많아 체력관리에 힘써야 한다. 따라서 더위와 갈증을 해소해 주는 채소와 과일을 많이 섭취해야 한다. 우리 집 텃밭에서 여름이 되면 제일 먼저 기대되는 것이 딸기와 복분자이다. 딸기와 복분자는 유기산이 풍부하여 피로회복에 좋다. 특히 복분자에는 검붉은 색의 안토시아닌이 풍부하여 시력에 좋다.

7~8월이면 우리 집 텃밭에는 방울토마토가 익어간다. 아침 일찍 일어나 이슬이 맺힌 신선한 방울토마토를 따 먹는 재미로 하루를 시작한다. 방금 따낸 방울토마토는 향이 진하고 껍질이 단단하며 맛이 상큼하다. 수박과 참외는 여름철의 대표적인 과일로 몸을 차게 하여 더운 여름을 잘 견디게 해준다. 또한 비타민과 수분이 많아 여름철 원기회복에 좋다.

뒷마당에는 수십 년 된 커다란 매실나무가 두 그루 있다. 봄이면 어김없이 매화꽃을 피우고 수많은 열매를 맺어 5월 말에서 6월 초에 수확을 한다. 그것으로 우리 집의 중요한 양념 소스인 매실 엑기스를 만든다.

여름철이 되면 살구나무에서 살구가 노랗게 익어간다. 살구의 이름은 殺狗(살구), 즉 '개를 죽인다.'는 뜻이다. 이는 개고기와 함께 살구를 먹으면 소화가 잘 되기 때문에 붙여진 이름이다. 살구는 갈증을 풀어주고, 위의 연동작용을 촉진시켜 소화작용을 도와주며, 장의 활동을 원활하게 한다. 파키스탄의 히말라야 장수마을 훈자지방을 방문했을 때 그곳에는 유난히도 살구나무가 많았다. 그곳 사람들은 여름에 살구를 말려두었다가 겨우 내내 먹는다. 그들은 살구를 먹는 것이 장수와 건강의 비결이라고 여기고 있었다.

자두는 여름철 보약이라고 불리며 신맛과 단맛이 잘 조화되어 여름철 더위를 잊게 해주는 과일이다. 자두는 무기질이 풍부하고 유기산이 많아 여름철 땀이 많이 나고 지칠 때 먹으면 갈증이 해소되고 피로가 회복된다.

나는 매년 3월 중순에 씨감자를 심는다. 여름에 감자꽃을 감상한 후 6월 말에 감자를 캔다. 세계 3대 장수촌으로 알려진 그루지야의 코카사스, 히말라야의 훈자, 남미의 빌카밤바를 방문했을 때, 그들은 감자를 주식으로 하고 있었다. 감자는 비타민B_1 · B_3 · C와 철분과 칼륨이 풍부한 건강식품이다.

우리 집 텃밭에는 여름이면 풋고추 · 케일 · 시금치 · 근대 · 오이 · 부추 · 가지 · 토마토 등 각종 채소가 나온다. 그 중에서도 풋고추는 여름 내내 우리 집의 식탁에서 빼 놓을 수 없는 채소이다. 풋고추에는 비타민C가 풍부하고 비타민B_1 · B_2도 풍부한 건강식품이다. '보리밥에는 풋고추와 고추장이 제격이다.'라는 말이 있듯이 보리밥을 먹을 때에 풋고추를 고추장에 찍어 먹으면 비타민B와 C를 보충할 수 있다. 열무김치 또한 여름철에 몸을 서늘하게 해주는 음식이다. 여름철에 입맛이 없을 때 보리밥에 열무김치를 넣고 고추장 한 숟가락을 넣어 비벼 먹으면 입맛이 돌아온다.

'이열치열'이라는 말이 있다. 열로서 더운 것을 치료한다는 말이다.

여름철에 이열치열의 대표적인 음식이 여름철 뜨거운 삼계탕이다. 삼계탕에는 단백질이 풍부한 닭에 인삼 · 대추 · 밤 등이 들어가 있어 여름철 보양식으로 좋다.

초여름 잃어버린 입맛을 돋워주는 딸기

 **쥬니맘표 레시피 – 매실주스**

재료

매실 1kg, 설탕 1kg

만들기

❶ 매실을 깨끗하게 씻어 물기를 완전히 빼고, 타올로 닦아낸다.

❷ 입이 큰 용기에 매실과 설탕을 1:1의 비율로 겹겹이 넣고 밀봉한다.

❸ 3개월쯤 지난 뒤 걸러서 액을 냉장고에 보관한다.

❹ 마실 때에는 여름에는 시원하게, 겨울에는 따뜻하게 물을 5배 정도 희석해 마신다. 특히 체했거나 배가 아플 때에는 원액을 한 스푼 정도 마신다.

매실은 구연산·사과산·주석산·호박산 등 유기산을 많이 함유하고 있으며 카테친, 펙틴 등을 함유하고 있다. 새콤한 맛을 내는 유기산은 피로회복에 좋고, 위액의 분비를 촉진시켜주기 때문에 소화가 안 될 때 매실즙을 먹으면 속이 편해진다. 카테친은 떫은맛을 내지만 설사를 그치게 하는 작용을 한다. 매실은 항균작용과 항 알레르기성이 있고, 피를 맑게 해주는 등의 약리효과 역시 뛰어나다. 한방에서는 진해·인후종통·설사·구충증 등의 치료에 이용되어 왔다. 매실은 목이 아프고 붓는 증상에 좋다. 하지만 신맛이 너무 강해 그냥 먹기에는 어렵고, 매실엑기스를 만든 후에 물을 섞어 마시면 좋다.

풍성하고 맛좋은 가을, 제철 음식

가을은 천고마비의 계절이라고 한다. 천고마비는 '하늘이 높고 말은 살찐다.'는 뜻이다. 가을철에는 그만큼 먹을 것이 풍성하다. 들판에는 가을 햇살에 오곡이 익어가고, 버섯·더덕·아욱·무·배추 등의 각종 채소가 우리의 식탁을 풍성하게 해준다.

옛부터 가을철에 먹는 상추쌈이나 아욱국은 아주 맛이 있어 특별한 음식으로 여겼다. 그래서 '가을에 먹는 상추나 아욱국은 문 걸어 놓고 먹는다.'는 속담까지 있었다. 더덕은 원래 깊은 산속에서 자라는 다년

생 식물이다. 하지만 집안에도 씨를 뿌려 놓으면 매년 꽃을 피우고 가을에는 뿌리를 캐 먹는다. 생으로 양념을 하여 무쳐 먹거나 양념을 발라 더덕구이를 해 먹는다.

가을에는 사과 · 배 · 포도 · 감 · 대추 등 각종 과일이 풍성하다. 과일은 역시 제철에 나오는 과일이 탐스럽고 영양가도 풍부하다. 포도는 막바지 더위를 보이는 9월에 선을 보여 지친 몸을 회복시켜 준다. 특히 구연산이 풍부하여 피로를 회복시키는 데 효과가 있다. 포도는 생으로 먹기도 하지만 잼이나 주스, 포도주를 만들어 먹기도 한다.

시골집에는 어느 집이나 할 것 없이 가을이면 주렁주렁 달린 감나무를 볼 수 있다. 처마 밑에는 누렇게 익은 감을 깎아 줄에 꿰어 말린다. 가을철에는 풍성한 음식으로 영양보충을 하고, 겨울철에 대비해서 저장할 것은 저장한다.

몸을 보호해주는 겨울, 제철 음식

겨울철에는 날씨가 추워 제철에 나오는 채소를 먹기가 쉽지 않다. 봄철에는 산에서 나오는 취나물 · 참나물 등 산나물, 여름철에는 껍질을 벗긴 고구마순, 가을철에는 무이파리를 끓는 물에 살짝 데쳐 그늘에서 말려둔다. 호박이나 무도 얇게 썰어 햇볕에 말려두면 겨울철에 중요한 먹을거리가 된다. 가을에 수확한 배추와 무로 김치도 담근다. 나는 배추에 된장을 풀어 끓인 배추된장국을 특히 좋아한다.

매년 6월 중순이면 고구마 모종을 사다 심는다. 모종을 심은 지 일주일이 지나면 뿌리가 나온다. 가을에 수확한 고구마는 겨우 내내 저장해 두며 간식으로 이용한다. 호박은 씨만 뿌려 놓으면 돌보지 않아도 잘 자란다. 여름철에는 호박잎과 어린 호박을 따 먹고 나머지는 늙은 호박으로 남겨 두었다가 겨울철에 호박죽을 쑤어 먹는다. 미역, 다시마 등 해산물도 겨울철엔 좋은 먹을거리이다.

군밤은 겨울철 최고의 간식거리였다. 옛말에 '밤 세 톨을 먹으면 보약이 따로 없다'고 했다. 밤은 성질이 따뜻하여 기를 도와주고 위장과 신장을 튼튼하게 해주어 허약체질에 좋다. 밤에는 탄수화물 · 단백질 · 비타민A · B1 · C가 풍부하다. 비타민C는 감기예방에 좋다. 겨울철 과일로는 귤이 으뜸이다. 겨울철에 여럿이 둘러 앉아 시원한 귤을 까먹는 재미가 쏠쏠하다. 귤은 겨울철에 부족하기 쉬운 비타민을 공급해 주기 때문에 '겨울철의 보약'이라고 불린다.

 **쥬니맘표 레시피 – 호박 콩 스튜**

호박 콩 스튜는 핸드믹서로 반쯤 갈아서 부드러우면서도 호박과 콩을 씹을 수 있어서 아이들이 콩 맛에 익숙해지게 돕는다. 또 색깔도 예뻐서 아이들이 좋아한다.

재료

다진 양파 1개, 강판에 간 당근 1개, 마늘 3쪽, 단 호박이나 늙은 호박 1컵, 삶은 콩 ½컵, 육수 1컵, 다진 붉은 피망 ½개, 올리브 오일 2큰술

❶ 양파와 당근을 올리브오일을 두른 냄비에 넣고 3분간 볶는다.

❷ ❶에 마늘과 호박을 넣고 4분간 볶는다.

❸ ❷에 육수와 콩을 넣고 10분간 끓인다.

❹ ❸을 핸드믹서로 반쯤 간다.

❺ ❹에 붉은 피망을 넣고 5분간 더 끓인다.

❻ 소금 후추로 간한다.

 **허약체질 아이들에게 좋은 식품, 밤**

밤은 탄수화물, 단백질, 비타민A · B$_1$ · C가 풍부하여 아이들의 성장에 좋은 식품이다. 특히 예로부터 성질이 따뜻하여 기를 도와주고 위장과 신장을 튼튼하게 해줘 허약체질 및 병후 회복이나 소화기능 강화식으로 이용되어 왔다. 주로 쪄먹거나 구워 먹는다.

겨울철에 알이 굵은 것을 골라 쪄서 속살을 숟가락으로 파먹는 맛도 일품이며, 밤알이 조금 작은 것은 잘 구어서 톡톡 터진 군밤을 까먹는 맛도 일품이다.

오이 · 양파 · 양송이버섯 · 피망 등으로 야채샐러드를 만들 때 생밤을 썰어 넣으면 밤의 아삭아삭한 맛을 즐길 수 있다.

 ## 쥬니맘표 레시피 – 밤 야채샐러드

재료

생밤 10개, 배 1/2개, 오이 1개, 피망 1개, 양송이버섯 3개, 저지방 플레인 요구르트 1컵, 레몬즙(또는 식초) 3큰술

만들기

❶ 속껍질을 벗긴 생밤과 배를 얇게 썰어 놓는다.

❷ 오이를 길게 반으로 갈라 어슷하게 썬다.

❸ 피망을 가늘게 링 모양으로 썰고, 양송이버섯의 갓 껍질을 제거하고 0.3cm 두께로 썬다.

❹ 요구르트와 레몬즙을 잘 섞어 드레싱을 만든다.

❺ 밤을 드레싱으로 버무린 다음 다른 야채와 버무려낸다.

건조기를 활용해 전략적으로 제철 음식 먹기

제철에 나오는 음식만 먹어야 한다면 얼마나 지루할까? 여름이 제철인 딸기나 오이를 유독 좋아하는 사람은 봄, 가을, 겨울엔 어떻게 해야 하는가? 먹고 싶어도 제철 음식이 아니니 먹지 말고 그냥 참아야 할까? 물론 그렇게 할 수도 있다.

2006년 남편과 함께 제철 음식만 먹기로 약속을 했다. 봄·여름·가을은 별 탈이 없이 지나갔지만 겨울이 문제였다. 우리 옆집에도 우리처럼 제철 음식만 먹는 가족이 있다. 그 해 겨울, 나는 이웃 아줌마랑 같이 앉아서 딸기가 먹고 싶다고 한탄을 했다. 2월쯤 되니 겨우내 먹던 귤이 지겨워지면서 다른 과일들이 서서히 먹고 싶어지기 시작한 것이다. 그 다음해부터는 전략적으로 제철 음식 먹기 프로젝트에 임했다. 난생 처음으로 건조기라는 것을 구입하고 싶었는데, 처음에는 망설임이 없지 않았다. 부모님은 뭐든지 햇볕이나 그늘에 말리시기 때문에 건조기는 실제로 본적도 없었고 전기세가 걱정되기도 했다. 다행히도 알아보니 전기세는 그리 많이 들지 않는 것 같아서 제일 싼 건조기를 구입하기로 했다. 한국에서도 건조기를 인터넷에서 쉽게 구입할 수 있다. 건조기로 말리니 뭐든지 햇볕보다 빨리 마르고 깨끗하게 말려져서 좋았다. 특히 공기와의 접촉이 적어서인지 색도 탈색되지 않아서 좋았다.

처음 건조기로 말린 것은 무화과였다. 캘리포니아는 지중해성 기후라 무화과가 잘 열리는데 철이 그다지 길지 않아서 늘 아쉬웠던 터라 겨울에 두고두고 먹을 만큼 무화과를 말렸다. 딸기도 잘 마르는데 건조기로 말리면 색도 그대로 유지되어 먹을 때 기분이 좋다. 감·사과·복숭아·배도 잘 마르고 당근·호박·무도 잘 마른다. 과일이나 야채를 말릴 때 전기세를 아끼기 위해 0.5cm 두께로 얇게 썰어서 말리는 것이 좋고 바싹 말린 후에는 48시간 동안 냉동실에 넣어둠으로써 벌레가 생기는 것을 막을 수 있다. 48시간 동안 냉동을 한 후에는 실온에 두어도 벌레가 생기지 않는다.

의외로 잘 안 마르는 것들은 포도와 블루베리다. 포도나 블루베리를 말릴 때에는 두꺼운 껍질 때문에 한 번 살짝 데쳐야 하는데 데치면 아무래도 효소가 파괴되니 말리기보다는 얼리는 편이 낫다. 얼리려면 과일을 깨끗이 씻은 후 물기를 없애서 넓은 쟁반에 펼쳐 담아서 냉동시킨다. 다 얼은 후에는 지퍼백에 담아서 보관한다. 쟁반에 펼쳐 얼리지 않고 바로 지퍼백에 넣어서 얼리면 과일끼리 붙어서 꺼내먹기가 힘이 들지만, 펼쳐 얼린 후에 지퍼백에 담으면 마치 봉지에 담은 구슬같이 서로 붙지 않고 저장되기 때문에 꺼내먹기가 훨씬 쉽다.

또 여름에 토마토가 많이 날 때 직접 교외에 있는 농장에서 토마토를 구매해서 포도 얼리듯이 얼리기도 하고 토마토소스를 만들어서 얼리기도 한다. 우리 집은 토마토를 많이 먹다 보니 한꺼번에 보통 30kg 정도를 산다. 그러면 겨우내 먹을 토마토소스를 만들어 냉동실에 비축해둘 수 있다. 우리 가족은 한 끼에 토마토소스를 2컵씩 사용하므로 지퍼백에 2컵씩 담아서 납작하게 얼렸다가 꽁꽁 얼은 후에는 냉동칸에 책을 꽂아 놓듯이 지퍼백을 정리해두면 좋다. 토마토소스는 6개월가량 냉동할 수 있다.

호박이 많이 열리는 여름에는 냉동실에 호박도 비축해둔다. 호박을 강판에 갈아서 2컵씩 지퍼백에 담는다. 꽁꽁 얼은 후에는 토마토소스처럼 책을 꽂듯이 정리해둔다. 2컵씩 얼리면 지퍼백 한 봉지를 꺼내서 호박빵을 해먹을 수가 있어서 좋다. 해동하면서 생기는 물은 버리지 말고 반죽에 같이 넣는다. 또 전을 부쳐 먹을 때에도 얼린 호박을 해동해서 사용하면 좋다.

 **쥬니맘표 레시피 – 건조야채수프**

시간이 없거나 피곤해서 특별히 요리를 하고 싶지 않은 날들을 위해 건조야채스프를 미리 준비해 놓는다. 끓는 물에 간장 1큰술과 참기름 1 작은술, 건조야채스프 1/8 컵을 넣으면 1인용 국물이 된다. 삶은 소면이나 생면에 부어 먹는다.

재료

0.5cm 두께로 썬 양파 1개, 0.5cm 두께로 반달 모양으로 썬 당근 2개, 0.5cm 두께로 썬 마늘 4쪽, 0.5cm 두께로 썬 3cm 무 토막, 0.5cm 두께로 썬 버섯 1컵, 씻어서 잎만 뜯어놓은 시금치 1컵

만들기

❶ 야채를 건조기에서 말린다.

❷ 바삭 마른 야채를 건조기에서 꺼내 냉동용 지퍼백에 담은 후 냉동칸에 48시간 저장한다.

❸ ❷를 꺼내 봉지째 손으로 부수거나 분쇄기로 간다.

토종 음식과 전통 음식을 먹여라

음식문화는 좀처럼 바꾸기가 어렵다. 외국에 이민을 가서도 다른 것
은 다 바꿀 수 있어도 식습관은 바꾸기가 쉽지 않다. 그러한 연유로 여
러 민족이 모여서 사는 미국에서도 각 민족마다 고유의 음식문화를
유지하면서 살아가고 있다. 한 친구는 미국에 이민을 가서 30년을 살
았는데에도 집 밖에서 햄버거를 먹은 후 집에 돌아와 냉장고 속에 있
는 김치를 꺼내어 먹어야 속이 풀린다고 한다. 그 만큼 바꾸기가 어려
운 것이 식습관이다.

지역에서 나는 토종 음식이 거친 음식이다

최근 밥상이 불안해지다 보니 웰빙(well-being, 참살이), 로하스
(lifestyles of health and sustainability, 건강하고 지속 가능한 친환경 중심
의 생활양식), 로컬푸드(local food, 제고장 먹을거리), 슬로푸드(slow

food, 천천히 조리되는 음식) 등의 외래어들이 유행처럼 번지고 있다. 이런 용어들은 '우리 땅에서 태어난 사람은 우리 땅에서 나온 음식을 먹어야 한다.'는 '신토불이' 사상과 유사하다. 이런 말들의 뜻을 살펴보면 '우리 몸은 토종의 거친 음식을 먹고 자라도록 태어났으며, 자기가 살고 있는 지역에서 생산되는 토종의 거친 음식을 먹어야 건강하다.'는 의미를 담고 있기 때문이다.

지역에서 재배되는 토종 품종은 그 지방의 기후, 풍토 그리고 그 지역 사람들의 기호에 맞는 특성을 가지고 있다. 뿐만 아니라 가공하거나 냉장시키지 않고 바로 소비할 수 있기 때문에 신선하고 영양가가 더 높다. 수확 후에 오래 된 것은 효소의 작용으로 인하여 영양소가 파괴되고 맛이 떨어진다. 반면에 널리 유통되는 가공식품은 가공하는 과정에서 열을 가하기 때문에 영양소가 파괴되고 저장기간이 길어지면서 산화작용 등 각종 화학반응이 일어나 품질이 떨어진다. 따라서 우리가 살고 있는 지역에서 생산되는 신선한 거친 음식이 외국에서 수입하여 오래된 농산물보다 맛이나 질적인 면에서 훨씬 더 우수하다고 할 수 있다.

전통 음식이 바로 거친 음식이다

최근 초등학생들을 대상으로 편식에 대하여 조사한 결과, 아이들이 싫어하는 음식으로 채소 · 콩류 · 생선류 · 김치 등을 꼽았다. 인스턴트 식품에 길들여진 아이들은 김치나 나물 같은 우 리의 전통 음식을 싫어한다는 것이다. 하지만 우리의 전통 음식은 굽거나 튀기는 서양 음식보다 칼로리가 낮고 생리활성물질이 풍부해 건강에 훨씬 더 좋다.

아이들이 싫어하는 나물이나 채소, 김치 등은 우리 조상들이 수천 년 동안 먹어 왔던 전통 음식이다. 우리 조상들은 봄이면 산나물·쑥·민들레·질경이 등 나물을 뜯어먹었고, 여름과 가을철에는 텃밭에서 각종 거친 채소를 길러먹었으며, 겨울철에는 배추와 무로 김장을 하여 김치를 먹고 지냈다. 또 늦가을에는 콩으로 메주를 쑤어 한겨울 내내 메주를 띄웠으며, 메주를 발효시켜 간장과 된장을 담가 먹었다. 김치와 된장처럼 오랜 기간에 걸쳐 발효시킨 음식도 거친 음식이다.

우리나라 전통 음식은 우리 땅에서 나오는 토종 재료로 만들어야만 제 맛이 난다. 내가 잠시 중국을 방문했을 때 나는 그 곳 교수들과 학생들의 요청으로 김치 만드는 방법을 가르쳐 준 적이 있다. 젓갈을 빼고는 배추·파·마늘·고춧가루·생강 등 김치에 들어가는 재료를 현지에서 쉽게 구할 수 있었다. 그러나 그 재료로 만든 김치의 맛은 우리나라에서 맛보던 김치 맛이 아니었다.

고춧가루가 가장 큰 문제였다. 한국에서도 고춧가루만큼은 텃밭에서 농약을 전혀 사용하지 않고 직접 재배하여 직접 빻은 고춧가루로 김치를 만들어 먹은 터라 현지의 시장에서 파는 고춧가루를 믿을 수 없었다. 하는 수 없이 고추를 직접 골라 빻은 고춧가루를 사용했지만 맵기만 하고 제 맛이 나질 않았다. 배추도 달콤한 맛이 나질 않았고, 무도 쓴 맛이 났다. 소금 역시 김치 맛을 결정하는 중요한 요소 중의 하나이다. 우리 집에서는 우리나라 바닷가의 갯벌에서 만든 소금을 구입하여 깨진 항아리에서 넣고 오랫동안 보관하면서 밑으로 간수가 흘러나오게 한 소금을 사용한다. 그러나 중국 현지에서 판매하는 소금은 쓴 맛이 강했다. 그런 재료로 만든 김치가 제 맛이 날 리 없었다.

불과 20년 전만 해도 집집마다 100~200 포기의 배추로 김장을 했다. 김장을 할 때는 친척들이나 이웃 사람들이 서로 품앗이를 하기도 했다. 그러나 이제는 예전처럼 김장을 하는 집도 드물고 친척이나 이웃 간에 서로 품앗이를 하며 김장을 하는 시대도 아니다.

지금도 우리 부부는 매년 200 포기 정도의 배추로 김장을 한다. 배추·무·파·마늘·고춧가루 등 직접 재배한 것을 사용한다. 김장을 한 후에는 집안에 적당한 곳을 골라 땅을 깊이 파고 항아리를 묻는다. 김치를 항아리에 넣고 우거지로 위를 두껍게 덮는다. 물론 우리 가족이 다 먹을 수 없어 모임이 있을 때마다 우리는 김치를 가지고 간다. 보기에는 배추가 작고 질기며 뻣뻣해 보이지만 몇 년을 두고 먹어도 맛이 쫄깃쫄깃하고 좋다. 지역의 오염되지 않은 환경에서 자란 뻣뻣한 배추로 만든 김치가 바로 거친 음식인 것이다.

쫄깃쫄깃한 토종닭이 거친 음식이다

우리 집에서 맛볼 수 있는 동물성 거친 음식은 토종닭이다. 토종닭을 방목하여 키우면 닭들은 스스로 풀과 곤충, 지렁이를 찾아 먹는다. 보통 시중에서 파는 닭들은 병아리 종자 회사들이 빨리 성장하도록 품종을 개량한 것으로 태어난 지 40일이 지나면 다 성장하지만 토종품종은 80일 정도를 사육해야만 다 자란다. 우리 집에서 키우는 닭들은 서서히 자라 6개월이 지나야만 계란을 낳는다. 병아리가 태어난 지

6개월을 기다려 새로운 계란을 얻을 때마다 나는 평소에 아무런 생각 없이 사먹던 계란이 얼마나 소중한가를 깨닫곤 한다.

토종닭은 특히 여름철 보양식으로는 최고이다. 하지만 토종닭이 점점 사라지고 있어 안타깝다. 외국에서도 사정은 마찬가지이다. 점점 사라져 가고 있는 토종닭을 살리려는 노력이 세계 각처에서 일어나고 있다. 프랑스나 벨기에서는 자연 상태에서 방목하여 천천히 자라는 토종닭을 사육하여 인증마크를 붙여 팔고 있는데, 다른 닭에 비해 맛과 향이 뛰어나 인기가 높다. 또 미국에서도 토종 칠면조가 값이 비싸기는 하지만 맛이 우수해서 점점 인기가 높아지고 있다.

양계장에서 좁은 공간에 가두어 놓고 사료를 먹여서 키우는 닭들보다 방목하여 키운 닭들은 스트레스가 적다. 방목하여 키운 토종닭은 운동량이 많아 시중에서 파는 닭보다 기름기가 적고 맛이 쫄깃쫄깃하여 씹을수록 고소하다. 계란도 토종닭의 유정란은 노른자가 훨씬 더 단단하고 고소하다. 외식을 할 때 아이들에게 양계장에서 길러 기름에 튀긴 통닭을 먹이기보다는 교외로 나가 방목하여 기른 토종닭을 먹이고 이와 더불어 산나물까지 먹인다면 이보다 더 좋은 웰빙식은 없다.

동양의 전통 음식을 먹어야 건강하다

2005년 미국 코넬대학 캠벨 박사 부자는 1983년부터 20년 동안 6,500명의 중국인들을 대상으로 연구한 결과를 『China Study』라는 책으로 발간했다. 중국인들은 미국인들에 비해 체중은 20%나 적게 나갔으며, 미국인들의 평균 혈중 콜레스테롤 함량이 215mg/100ml인 반면에 중국인들은 127mg/100ml에 불과했다. 뿐만 아니라 중국인들은 서양인들에 비해 유방암·자궁암·난소암·전립선암뿐만 아니라 심장질환·당뇨 등 각종 성인병에 훨씬 더 적게 걸렸다. 이는 중국인들이 서양인들에 비해 고기를 적게 먹고, 서양인에 비해 많은 양의 식이섬유를 섭취하기 때문으로, 동양의 전통적인 식사가 훨씬 더 우수하다는 것을 의미한다.

그들의 보고서에서는 성인병을 예방하기 위해서는 쇠고기·닭고기·우유 등 동물성 식품의 섭취를 줄이고 도정하지 않은 곡물 등 식물성 식품을 더 많이 섭취할 것을 권장하고 있다. 또한 비타민D의 합성을 위해 햇볕을 적당히 쪼이고 식물성 식품의 섭취로 부족하기 쉬운 비타민B12의 보충에 신경 쓸 것을 권장하고 있다.

로컬 푸드(Local Food) 선택 노하우

2006년 남편과 제철 음식만 먹기로 약속을 하면서 로컬 푸드를 먹자고 했다. 캘리포니아 주가 미국 농산물의 70%를 공급하고, 겨울에 별로 춥지 않아서 1년 내내 농작물이 생산되기 때문에 실천하기가 별로 어렵지는 않다. 보통 로컬 푸드를 고집하는 사람들마다 로컬(지역)의 범위를 다르게 잡는데 우리는 미국의 서해안을 로컬 푸드의 생산 범위로 잡았다.

요즘은 100마일(160km)로 잡는 것이 추세이다. 그러나 처음부터 범위를 너무 좁게 잡으면 실패할 가능성이 높을 것 같아서 조금 여유롭게 범위를 잡았다.

서해안에서 생산되는 음식이 많기는 하지만 매번 새로운 산지를 확인하고 사야 하는 것은 번거로운 일이었다. 처음엔 물건을 살 때마다 원산지를 확인하고 원산지 표시가 안 된 제품은 일일이 물어보는 것도 직원들이 짜증낼까 봐 걱정이 되었다. 하지만 어쩔 수 없었다. 창피하거나 무안해도 물어볼 수밖에…….

요즘엔 로컬 푸드를 찾는 사람이 많이 늘어서인지 직원들도 친절하게 가르쳐준다. 한국에서도 외국산 수입 농산물이 많지만 미국에서도 마찬가지이다. 뉴질랜드에서 오는 키위를 피하고, 호주에서 오는 유제품을 피하고, 멕시코에서 온 망고를 피하고…….

대형마켓에는 피할 것이 많다. 그래서 대형슈퍼보다는 재래시장을 더 찾는다. 2007년부터는 아예 먹을거리를 농장에서 직접 주문하기 시작했다. 주변 사람들에게 물어보고 인터넷에 검색해서 어디에서 주문을 할지 두 곳을 정해서 두어 달 동안 두 곳에서 배달을 받았다. 결국 두 곳 중에 하나를 골라 지금까지 그 농장에서 매주 한 박스씩 농산물을 배달받고 있다. 매주 목요일마다 우리 집에 배달되는 유기농산물 박스가 우리에게 작은 즐거움을 제공한다. 나는 쥬니와 함께 "이번 주엔 뭐가 들어있을까?" 궁금해 하며 박스를 열어보는 재미를 맛보고 있다. 그런 의미에서 한국에서도 믿을 만한 가까운 농장을 찾고, 그곳에서 생산되는 농산물을 배달시켜 먹는 것이 제철 음식과 로컬 푸드를 먹을 수 있는 좋은 방법 중 하나이다.

P a r t ● 2

아이를 변화시키는 거친 음식

거친 음식은 소아비만을 예방한다

　이제 비만은 어른들만의 문제가 아니다. 국민영양조사에 따르면, 1998년 우리나라 소아 및 청소년 비만율이 6.8%이던 것이 2005년에는 12%로 거의 2배로 늘어났다. 특히 초등학생들의 소아비만이 현저히 증가하고 있다. 비만인 어린이는 비만인 성인과 마찬가지로 고지혈증·고혈압·당뇨와 같은 성인병이 나타나 쉽게 피로해져 공부에도 큰 지장을 받는다. 또 비만아는 정신적으로도 스트레스를 많이 받으며, 몸매나 운동능력에 열등감을 갖게 되고, 스스로 매력이 없다고 생각하기 쉽다.

　그러나 비만의 더욱 큰 문제는 어렸을 때로 끝나는 것이 아니라 커서도 이어진다는 것이다. 소아비만의 약 80%가 성인이 되어서도 비만이 되기 때문이다.

부모의 식습관이 중요하다

흔히 아이들은 부모들을 많이 닮는다고 한다. 식생활도 마찬가지이다. 비만인 아이들의 부모를 보면 대체로 비만인 경우가 많다. 대부분의 부모들은 본인들의 식습관이 잘못되어 아이까지도 비만이 된 줄은 모르고, 아이만 탓하는 수가 많다.

'아이들 보는 데는 찬물도 못 마신다.'는 속담이 있다. 아이들은 대개 부모와 함께 식사하기 때문에 부모의 잘못된 식습관을 그대로 배우게 된다. 때문에 부모가 먼저 모범을 보여야 한다. 평소에 청량음료나 기름기 있는 음식을 좋아하고, 과식을 하면 아이들도 그대로 배워 비만이 되기 쉽다. 부모가 먼저 곡물, 과일과 채소, 유제품 등 다양한 종류의 음식을 골고루 섭취하는 식생활을 해야 한다.

2005년 국민영양조사 결과에 따르면, 어머니가 직장이 있는 소아 및 청소년은 비만이 될 확률이 그렇지 않은 경우에 비해 2배나 높았다. 맞벌이 부부의 경우 아이들이 혼자 있는 시간이 많다. 그래서 부모들이 밤늦게 들어오다 보면 혼자 있는 아이들에게 패스트푸드를 배달시켜 주는 경우가 많다.

또 혼자 있는 아이들은 허기진 배를 채우기 위해 패스트푸드나 인스턴트푸드를 먹을 수밖에 없다. 혼자 있는 아이들은 텔레비전을 시청하거나 컴퓨터 오락 게임을 더 많이 하다 보면 자연히 운동하는 시간도 줄어든다. 어머니가 직장이 있는 아이들은 아침을 제대로 먹지 못하는 경우가 많다.

국민영양조사 결과를 보면, 아침을 제대로 먹는 아이들의 비만율은

7.9%인데 비해 아침을 제대로 먹지 않는 아이들의 비만율은 11.2%로 훨씬 더 높았다.

어떤 부모들은 밤에 군것질을 하면서 아이들에겐 먹지 말라고 하는 경우도 있다. 부모는 밤에 간식으로 라면을 끓여 먹으면서 옆에서 구경하는 아이들에게 먹지 말라고 하면 아이들이 말을 들을 리 없다. 또 어떤 부모는 어렸을 때는 키가 커야 하니 실컷 먹고 살은 나중에 빼면 되니 우선 많이 먹으라고 강요하기도 한다. 그러나 한번 찐 살은 어른이든, 아이든 간에 여간해선 빼기 어렵다.

소아비만의 주범은 부드러운 음식

소아비만의 원인은 식생활의 서구화로 열량의 섭취가 증가하는 반면 활동량이 부족하여 열량의 소비가 감소하기 때문이다. 한마디로 먹을 것이 넘쳐나다 보니 너무 많이 먹고 운동을 하지 않아서 살이 찐다는 것이다.

흔히들 음식은 꼭꼭 잘 씹어 먹어야 한다고 한다. 하지만 요즘 우리의 식탁을 살펴보면 거의 모든 음식들이 부드러워 씹어 먹으려고 해도 씹어 먹을 것이 없다. 입에 넣고 별로 씹지 않고 우물우물하기만 해도 그냥 넘어가는 음식들이 대부분이다. 그러다 보니 자연히 아이들이 과식을 하게 되고 살이 찌기 마련이다.

음식물을 먹은 후 그 포만감을 뇌에서 알아차리는 데에는 시간이 걸린다. 그런데 너무 빨리 먹게 되면 배가 부르다는 사실을 뇌에서 느끼기도 전에 많이 먹게 되어 결국 살이 찌게 되는 것이다. 빨리 먹다 보면 위에도 부담을 주어 스트레스도 쌓인다.

TV 시청이 비만을 유발한다

비만을 예방하기 위해서는 적게 먹고 많이 움직이는 것 이외에는 다른 방도가 없다. 저자가 초등학교와 중고등학교를 다닐 때는 거의 대부분의 학생들이 하루에 30분 이상 걸어서 학교를 다녔다. 그러나 요즈음 아이들은 대부분 자동차를 타고 학교에 다닌다. 학교에 다녀와서는 컴퓨터 앞에 앉아 몇 시간씩 게임을 하거나 TV를 본다. 그러나 TV, 비디오 게임, 컴퓨터는 소아비만의 주범이다.

2007년 미국 베일러대학 멘도자 교수가 2~5세의 어린 아이 1,800명을 대상으로 조사한 결과, TV를 보거나 비디오, 컴퓨터 게임을 하는 아이들은 비만이 될 확률이 높았다. 그래서 미국소아학회에서는 2세 이전의 어린 아이에게는 TV시청을 허용하지 않는 것이 좋으며, 2세 이상의 아이들도 하루에 TV를 시청하는 시간이 1~2시간을 넘지 않도록 권고하고 있다. 동시에 2세 이상의 모든 아이들은 하루 적어도 1시간 이상 적당한 운동을 할 것을 권고하고 있다.

소아비만을 예방하는 거친 음식

아이가 뚱뚱해지는 것을 예방하려면 천천히 씹어 먹어야 하는 거친 음식으로 식탁을 채우고, 아이들이 여유를 가지고 밥을 천천히 먹는 습관을 길러주어야 한다. 살이 찌는 아이들은 대개 음식을 빨리 먹고 배가 부를 때까지 음식을 먹는 습관이 있다. 살을 빼기 위해서는 칼로

리는 낮으면서 포만감을 느낄 수 있는 거친 음식을 먹어야 한다. 포만
감이 있는 음식을 먹으면 식사량을 줄일 수 있고 영양분이 흡수되는
것이 느려져 지방으로 축적되는 것을 막을 수 있다. 예를 들어 아이에
게 흰 쌀밥 대신에 잡곡밥을 주면 적게 먹게 되어 자연히 살이 덜 찌게
된다.

포만감을 주는 식품으로는 보리, 잡곡과 같은 곡물, 사과나 귤과 같
은 과일, 산나물·더덕·토마토·당근·배추·브로콜리·양배추·
아스파라거스·쑥갓·버섯·상추와 같은 채소류, 미역과 다시마와
같은 해조류 등이 있다. 이러한 거친 음식들은 칼로리가 낮고 식이섬
유가 많다. 식이섬유는 물을 흡착하는 성질이 있어 위에서 포만감을
주어 쉽게 배를 부르게 한다. 또 씹는데 시간이 많이 걸리고 위에 머무
는 시간이 길어 배가 부르다.

아침밥을 먹어야 비만을 예방할 수 있다

살을 빼기 위해서는 아침밥을 굶어야 할까? 미국 밴더빌트대학 술
룬드 교수는 살을 빼는 데에는 아침을 굶는 것보다는 아침을 먹는 것
이 더 효과적이라는 연구결과를 발표했다. 아침을 먹는 것이 지방의
섭취를 줄이고 충동적으로 간식을 먹는 것을 줄여 살을 빼는 데 더 효
과적이라는 것이다.

우리나라에서도 비만환자들 중 아침을 굶는 사람들이 69%나 된다
는 보고가 있다. 아침식사를 거르면 공복이 되는 시간이 18시간이나
된다. 따라서 아침식사를 거르면 점심이나 저녁에는 폭식하는 경우가

많다. 점심이나 저녁에 과식을 하게 되면 많은 양의 인슐린을 필요로 한다. 이런 일이 반복되면 결국 인슐린을 분비하는 췌장에 무리가 가서 당뇨병을 유발할 수도 있다.

아침식사를 하여 뇌의 활동에 필요한 영양소를 공급해주면 뇌의 기능이 활발해져 공부를 하는 데도 도움이 된다. 아침식사는 밥에 콩이나 잡곡을 섞어 먹는 것이 좋다. 밥은 쉽게 포도당으로 전환되어 뇌에 들어가지만 콩이나 잡곡은 천천히 소화되어 뇌에 에너지를 서서히 공급해 주어 뇌의 활동을 돕기 때문이다. 물론 소식을 해야 체중 조절이 가능하다.

식사량을 줄이는 가장 쉬운 방법은 밥공기의 크기를 줄이는 것이다. 적게 먹어야 신경 성장 요소의 생산을 증가시켜 뇌에 도움이 되며 심장병·암 등도 예방할 수 있다.

소아비만은 가족의 도움이 반드시 필요하다

아이가 비만일 때 너무 무리하게 체중을 조절하는 것은 좋지 않다. 성장기의 아이가 지나치게 체중을 줄이다 보면 단백질·무기질·비타민 등 필수 영양소가 부족해져서 성장과 발육을 저해할 수 있기 때문이다. 또 아이 혼자의 힘으로는 체중을 조절하는 것은 불가능에 가깝다. 따라서 가족들의 도움이 반드시 필요하다. 가족 모두가 칼로리가 높은 식사나 간식은 피하도록 하고, 규칙적인 생활을 하도록 노력해야 한다. 또 간식을 주더라도 과일과 야채 등 열량이 적은 식품을 주어야 한다.

거친 음식 먹는 습관 들이기

나는 어렸을 때 미국에서 인스턴트 음식을 먹으며 자랐지만 한국에 돌아와 강릉의 농가에서 지내던 시절의 식습관이 큰 영향을 미친 것 같다. 광우병이나 GMO(유전자 조작식품)의 위험성이 대중적으로 알려지기 전부터 식품과학과 교수인 아버지께서 나와 동생에게 그 위험성에 대해 알려주셨고, 집에서 자라는 토종닭과 계란을 먹고 자란 덕분에 유기농 계란과 일반 계란의 차이를 알았다. 그래서 대학시절, 옷이나 화장품을 사는 친구들과는 달리 돈을 유기농 먹을거리에 투자했다. 그때는 유기농 고기를 살 형편이 안돼서 고기를 아예 안 먹었다. 부모님이 힘들게 유학을 보내주셨기 때문에 식비를 아끼느라 외식을 거의 하지 않았고 집에서 요리를 해 먹었다. 다행히 한국에 있을 때 엄마에게 요리를 배운 덕분에 큰 어려움은 없었다.

하지만 남편은 다르다. 남편은 미국인인데 시부모님들은 미국 중북부에 살고 있다. 미국 중북부의 전통적인 식사가 그렇듯이 시댁 식구들은 모두 육식을 좋아한다. 시부모님은 원래 두 분 모두 남부출신이시라 생선류를 즐기시지만 중북부에서는 신선한 생선을 구하기가 어려워 생선을 먹기가 쉽지 않다. 그러다 보니 남편의 형제들 역시 생선을 즐기지 않는다. 과일이나 채소도 마찬가지다. 멀리 캘리포니아나 플로리다에서 온 과일이 맛있을 리 없다. 시댁에 가면 식탁 위에 과일 한 접시가 보기 좋게 늘 놓여있기는 한데, 과일이 푸석푸석하고 맛이 없어서 그런지 일주일 내내 아무도 손대지 않은 채 그대로 있기 일쑤이다. 또 물은 거의 마시지 않고 대신 남부에서 즐겨 마시는 스위트 아이스티나 탄산음료를 주로 마신다. 이렇게 남편은 어렸을 때부터 비만이 되기에 충분한 식생활을 해온 셈이다.

지금도 시댁 식구들은 모두 중북부에 살지만 남편은 대학 때 인턴으로 캘리포니아에 6개월 나왔다가 캘리포니아가 좋아서 대학졸업 후 아예 캘리포니아에 정착했다. 그러면서 탄산음료 마시기를 중단하고 조깅을 시작했다. 내가 남편을 처음 만났을 때 남편은 채식주의자였다. 지금은 더 이상 채식주의자는 아니지만 꽁치나 고등어를 즐겨먹고 스스로 건강을 열심히 챙긴 덕분에 8년 전보다 오히려 몸무게가 줄었다. 반대로 몸매관리를 열심히 하는 시누이만 빼고 나머지 시동생들은 점점 배가 나오고 머리가 빠져서 고민을 한다. 유전자는 바꿀 수 없어도 식습관은 바꿀 수 있는 것인데 옆에서 보기에 참 안타깝다.

식습관은 오래될수록 바꾸기가 힘이 든다. 그러니 좋지 않은 식습관은 바로 잡으려고 의식적으로 노력해야 한다. 아이들은 더더욱 그렇다. 어릴 때부터 거친 음식을 먹고 자라면서 인스턴트 음식은 피하는 것이 좋다.

테네시주립대의 연구에 의하면 2~8세 어린이 100명을 관찰한 결과, 70%가 두 살 이전에 음식 선호도가 확립되었다고 한다. 만일 이미 아이가 가공식품에 길이 들여져 있다면 의식적으로 가공식품을 서서히 줄이고 거친 음식을 더 먹을 수 있게 서서히 바꿔야 한다.

펜실베이니아주립대 버치 교수에 의하면, 아이들에게 새로운 음식을 받아들이도록 하기 위해서는 음식을 여러 번 접할 수 있도록 하는 것이 중요하고, 새로운 음식을 먹으라고 강요하지 않는 것이 중요하다고 한다. 그러니 만약 아이가 오늘 반찬으로 내놓은 새로운 음식을 거부한다면 그 음식을 '절대로 안 먹는 음식'으로 생각하지 말고 대신에 대략 1주일 후에 그 음식을 다르게 조리해서 상에 올리는 것이 좋다. 만약 짜증을 내거나 실망하는 모습을 아이에게 보이면 아이도 눈치 채고 비슷하게 반응을 보일 수 있으므로 침착하게 대한다.

또 중요한 것은 원재료의 맛인데 맛이 없는 재료로 아무리 맛있게 요리한다고 갑자기 맛있어지는 것이 아니므로 원재료를 구입할 때에도 모양만 보지 말고 제철 음식, 또 가까이서 생산되는 신선한 것 중에서 고르는 것이 가장 중요하다. 아이가 먹어서는 안 될 음식을 자꾸만 달라고 조를 때도 망설여서는 안 된다. 먹고 싶은 마음은 이해하지만 안 되는 건 안 된다고 단호히 말해야 하고, 왜 먹어서는 안 되는지를 명확하게 설명해줘야 한다.

거친 음식의 식이섬유는 변비를 없애준다

큰 아이가 초등학교 1학년 때의 일이다. 미국에서 막 귀국한 아이가 학교에서 적응하기란 쉽지 않았다. 가장 어려운 문제 중 하나가 바로 화장실에 가는 일이었다. 그때만 해도 학교 화장실이 너무 더러워서 아이는 도저히 화장실에 갈수 없어 하루 종일 참았다가 학교가 끝나면 집으로 달려와 제일 먼저 화장실부터 갔다. 그러다 보니 변비도 심했고, 학교에서 스트레스를 많이 받아서인지 수시로 배가 아프다고 했다. 학교에 가다가도 배가 아프면 병원으로 향했고, 그럴 때마다 맹장염이 아닌가 의심하기도 했다. 그러던 것이 농가주택으로 이사를 한 후 텃밭에서 기른 채소를 먹고 흙 위에서 마음껏 뛰어 놀면서부터 변비가 자연스럽게 치유되었다.

부드러운 음식이 변비를 부른다

예로부터 '잘 먹고 잘 자고 잘 싸야 건강하다.'고 했다. 대변의 대부분은 미생물로 구성되어 있다. 미생물은 살아 있는 것도 있지만 죽어 있는 것들이 대부분이다. 미생물은 죽으면서 그냥 죽지 않고 독소를 배출한다. 대변에는 많은 미생물과 독소가 있으니 빨리 배출되지 못하면 유쾌하지도 않을뿐더러 몸에 해로운 것은 당연하다. 변비는 만병의 근원이 될 뿐만 아니라 심하면 대장암의 원인이 되기도 한다.

식이섬유란 우리 몸속에서 소화되지 않는 식물성 물질이다. 소화되지 않는 물질이기 때문에 예전에는 쓸모없는 물질로 여겼다. 하지만 식이섬유는 우리 몸속에서 수분을 흡수하고 발암물질을 흡착해 변의 양을 늘려 변이 잘 나오게 해주고 대장암까지 예방해주는 유용한 물질이다.

1985년 영국 의사 트로웰과 버킷이 『식이섬유의 부족과 질병』이라는 책에서 "서양 사람들의 대변의 양이 100~200g인데 반해 아프리카 사람들의 대변 양은 하루 400~500g 정도로 많다. 아프리카 사람들은 식이섬유 섭취량이 많아 대변의 양이 많으며 비만·당뇨·심장질환·암 등의 성인병이 없다."고 보고한 후로 식이섬유의 중요성이 인식되기 시작했다.

식이섬유의 섭취가 부족하면 제일 먼저 나타나는 증상이 바로 변비이다. 일주일에 변을 보는 횟수가 3회 미만이거나 하루 대변의 양이 25g 이하로 적게 나오거나, 변을 보는 게 너무 힘이 들고, 변이 단단하게 나오는 경우 이를 변비라고 한다. 식이섬유가 부족하면 변을 보기 힘들어지고, 살이 찌기 시작한다. 변을 제대로 보지 못하면 몸이 붓기 시작하고 붓기가 곧 살로 변하기 때문이다.

2006년 현재 우리나라 사람들의 하루 평균 식이섬유 섭취량은 19.8g로, 하루 섭취 권장량 23~29g에 크게 미달하고 있다. 특히 청소년들의 섭취량은 10g 정도로 권장량의 절반에도 미치지 못하고 있다. 식이섬유는 물을 많이 흡수하기 때문에 식이섬유가 많이 들어 있는 식품을 먹을 때에는 물을 충분히 섭취해야 한다. 하지만 무기질을 흡착해서 배출하는 성질이 있으므로 성장기의 아이들은 육식과 채식을 골고루 섭취해야 한다.

변비를 없애려면 끈적끈적한 해조류를 먹어라

미역이나 다시마와 같은 해조류는 끈적끈적한 물질을 함유하고 있다. 끈적끈적한 물질은 '알긴산'이라는 점질성의 당류로 스펀지와 같이 늘어나 포만감을 준다. 알긴산은 몸 안에서 소화되지 않고 그대로 배출되지만 장의 벽을 자극하여 장의 운동을 활발히 해줌으로써 배변을 용이하게 한다.

또한 알긴산은 유해한 중금속 및 발암성 물질을 흡착하여 몸 밖으로 배출시켜준다. 해조류의 끈적끈적한 물질 중의 하나인 '후코이단'이라는 성분은 면역력을 증강시켜 주는 역할을 한다.

미역에는 분유와 맞먹을 정도의 칼슘이 들어있어 예로부터 산모에게 이용되어 왔다. 칼슘은 뼈와 치아 형성에 필수성분이며 골다공증을 예방해주고, 산후의 자궁수축과 지혈에도 필요한 성분이다.

고구마와 고구마순이 변비를 예방한다

먹을 것이 없던 시절에 구황작물이던 고구마가 요즘에는 건강 웰빙 식품으로 새롭게 떠오르고 있다. 고구마에는 섬유소가 많아 배설을 촉진시켜 변비에 효과가 있다. 고구마를 썰 때 나오는 흰 수지에 섞여있는 야라핀이라는 성분 또한 하제(下劑)의 기능이 있어 변비에 효과가 있기 때문이다. '고구마가 미인을 만든다.'는 말은 고구마를 먹으면 배설을 좋게 하여 피부가 고와지기 때문이다. 고구마는 항암식품으로도 인기가 높다. 고구마에는 식이섬유뿐만 아니라 비타민A와 C를 많이 함유하고 있기 때문이다. 고구마 줄기인 고구마순 역시 식이섬유가 풍부하여 변비에 좋다. 껍질을 벗겨 살짝 데쳐서 양념장을 넣고 볶은 다음 들깨를 뿌려 먹으면 좋다.

저자의 텃밭에서 캐낸 고구마

배변을 돕는 만병통치약, 무시래기

무에서 잘라낸 잎과 줄기로 살짝 데쳐서 그늘에서 말리면 무시래기가 된다.

옛날 서민들의 밥상에는 무시래기국이 단골메뉴로 올라오곤 했다. 특히 겨울철에 먹을 것이 없을 때는 무시래기에 쌀을 넣고 시래기죽을 쑤어 먹었다. 기운이 없어 보이는 아이들에게 어른들은 '시래기죽도 못 얻어먹은 놈 같다'는 말을 하곤 했다. 무시래기에는 비타민A와 C가 많이 들어 있고, 칼슘도 많이 들어 있기 때문에 먹을 것이 없던 시절에는 우리의 귀중한 먹을거리가 됐다. 변비가 있을 때 무시래기를 무쳐 먹거나 무시래기 된장국을 끓여 먹으면 금방 해결된다. 무시래기 속에 식이섬유가 많기 때문이다.

배변을 돕는 유기산이 풍부한 매실

매실에는 칼슘 · 인 · 칼륨 등 무기질과 유기산 등이 풍부하다. 유기산은 위장의 작용을 활발하게 하여 소화를 돕고 변비 예방에 도움이 된다. 또 유기산의 정장작용으로 인해 스트레스가 풀리고 피로회복에도 좋다. 매실은 음식의 독 · 피의 독 · 물의 독 3가지 독을 없애준다는 말이 있다. 매실에는 살균작용과 해독작용이 강한 카테킨이 들어 있어 설사를 그치게 하며 노폐물을 제거하여 피를 맑게 하기 때문이다.

매실 원액을 만들기 위해서는 매실과 설탕을 1:1로 겹겹이 넣고 밀봉한 후 60일 정도 지난 뒤 매실을 건져 내고 액을 냉장고에 보관한다. 요리에 넣어 먹거나 물로 5배 정도 희석하여 마신다. 특히 체했을 때나 배가 아플 때 매실 원액을 한 스푼 정도 마시면 효과가 있다.

몸을 자주 움직여야 변비를 예방할 수 있다

아이들을 실내에서만 키우면 운동량이 적어져 자연히 변비가 생기기 마련이다. 변비가 생기지 않게 하려면 아이들을 많이 움직이게 해야 한다. 아이들에게 부드러운 음식을 먹이고 하루 종일 책상에만 앉아 있게 하면 운동부족으로 변비가 생기는 것은 당연한 일이다.

나는 토종닭을 키우면서 많은 것을 배운다. 닭장에 닭을 가두어 놓으면 닭들은 견디지 못하고 하루 종일 닭장 밖으로 나오기 위해 안간힘을 쓴다. 조그만 구멍이라도 찾아 나오기 위해 계속 헤매면서 엄청난 스트레스를 받는다.

토종닭을 풀어주면 닭들은 있는 힘을 다해 날갯짓을 하며 날아가 스트레스를 해소한 뒤에 자유롭게 먹이를 찾아다닌다. 또 가두어 놓고 기른 닭에 비해 놓아기른 닭은 건강하여 병에도 잘 걸리지 않는다.

아이들을 실내의 너무 깨끗한 환경에서 키우다 보면 더러운 환경에 조금만 노출되어도 아토피가 생기고 변비가 생긴다. 따라서 아이를 실내에서만 키울 것이 아니라 흙 위에서 놀게 하고 식이섬유가 풍부한 거친 음식을 먹게 하면 변비는 자연히 치유된다.

 **쥬니맘표 레시피 – 요구르트샐러드**

재료

오이, 피망 1개씩, 양파 1/4개, 방울토마토 2컵, 저지방 플레인 요구르트 1컵,

레몬즙(또는 식초) 3큰술, 마늘 1쪽, 다진 파슬리 1/2작은술, 소금, 후춧가
루 약간씩

❶ 오이는 0.3cm 두께로 둥글게 썰고, 방울토마토는 반으로 자른다.

❷ 양파와 피망은 고리 모양으로 자른다.

❸ 요구르트와 레몬즙 · 다진 마늘 · 파슬리 · 후춧가루 등을 잘 섞어 드레싱
  을 만든다.

❹ 오이 · 토마토 · 양파 · 피망 위에 드레싱을 뿌리고 잘 버무린다.

 변비를 예방하는 요구르트

식이섬유가 부족하면 장내에 변이 뭉쳐 변비를 일으킨다. 변
은 몸속에 오래 머무르게 되면 대변 속의 발암물질과 대장의 접
촉 시간이 길어져 암이 발생하기 쉽고, 유해균에 의해서 발암물

질이 생성된다. 요구르트에 들어있는 유산균은 장에 유익한 균
은 잘 자라도록 도와주고 유해한 균이 자라는 것은 막아 준다.
또한 유산균은 비타민이나 유기산, 자연 호르몬과 같은 영양소
를 합성하여 노화 방지 및 암의 예방에 도움이 된다.

 **쥬니맘표 레시피 – 요구르트**

이유식에도 좋고 어른도 좋아하는 요구르트는 집에서도 비교적 쉽
게 만들 수 있다. 전기밥솥이나 슬로우 쿠커로도 만들 수 있지만 나는
요구르트 발효기를 쓴다. 어떤 기계를 쓰던지 원리는 같다. 따뜻한 우
유에 요구르트 종균이나 시중에 판매하는 플레인 요구르트를 섞어서
발효시킨다.

재료

우유 또는 저지방 우유 2컵, 양질의 플레인 요구르트 2큰술이나 종균

만들기

❶ 우유를 중간 사이즈 냄비에 붓고 냄비 가장자리에 방울이 생기고 김이 올
라올 때까지 데운다.

❷ 데운 우유를 큰 그릇에 담고 43~46℃가 될 때까지 식힌다.

❸ 종균, 요구르트를 데운 우유와 골고루 섞는다.

❹ ❸을 나머지 우유와 섞는다.

❺ 발효기를 사용하면 기계에 포함하는 병에 담고 기계를 사용하지 않을 때에는 수건으로 덮고 따뜻한 곳에 6시간 정도 둔다. 다 만들어진 요구르트는 냉장고에 넣고 보관하는데 보통 2주쯤 보관할 수 있다

거친 음식은 뇌의 학습능력을 향상시킨다

에너지를 서서히 공급하는 잡곡밥

설탕은 혈당을 쉽게 올라가게 한다. 설탕이 많이 들어있는 가공식품이나 청량음료는 당분을 단 시간 내에 뇌에 공급한다. 따라서 뇌의 건강을 위해서는 설탕이 많이 들어있는 사탕 · 청량음료 · 쿠키 · 케이크 · 흰빵 등의 섭취를 자제해야 한다. 흰쌀밥도 쉽게 소화되고 포도당으로 전환되어 혈당을 빠르게 증가시킨다. 반면에 복합탄수화물이 풍부한 현미 · 보리 · 콩 · 견과류 · 사과 등의 거친 음식은 두뇌에 당분을 서서히 보충해주어 뇌의 활동을 원활하게 해준다.

하루 종일 뇌의 활동을 원활하게 하기 위해서는 아침에 현미밥이나 잡곡밥을 먹어야 한다.

뇌의 활동을 강화시키는 콩밥

단백질은 우리 몸속에서 분해되면 아미노산이 된다. 아미노산은 뇌의 신경 전달 물질을 만드는데 필요하다. 뇌 속에는 수 십 종의 신경 전달 물질이 있어 신경세포 사이에 정보를 전달하는 역할을 한다. 사람의 감정과 기분을 통제하는 신경 전달 물질의 하나가 세라토닌이다. 세라토닌이 부족하면 감각이 무디어져 판단력이 흐려질 수 있으며 우울증에 걸릴 수 있다. 세라토닌은 아미노산의 일종인 트립토판으로부터 만들어진다. 학습의 집중력은 도파민이라는 신경 전달 물질에 의해 조절된다. 도파민 역시 티로신이라는 아미노산으로부터 만들어진다. 따라서 아미노산이 부족하면 뇌의 활동이 둔화된다.

예전에 감옥에 가는 것을 두고 '콩밥 먹으러 간다.'고 했다. 먹을 것이 귀하던 시절 죄수들이 영양실조에 걸리지 않게 하기 위해 콩밥을 먹였기 때문이다. 콩은 단백질이 약 40%나 들어 있는 건강식품이다. 아미노산의 구성도 육류에 비해 뒤지지 않아 '밭에서 나는 고기'라고 불린다. 삶은 콩 한 컵의 단백질 함량은 계란 4개, 우유 3컵, 쇠고기 100g에 해당한다. 아이들에게 단백질을 가장 쉽게 공급해줄 수 있는 식품이 바로 콩이다. 밥에 섞어 먹이거나 콩자반으로 먹을 수도 있지만 아이가 콩을 싫어한다면 두부나 콩나물로 먹어도 좋다.

DHA를 공급하는 생선

두뇌 지방의 약 1/3 이상은 오메가-3 지방산의 일종인 DHA로 구성되어 있다. DHA가 부족하면 기억력 저하, 우울증, 학습부진 등을 일으킬 수 있다. 옥수수기름 · 콩기름 · 해바라기씨 기름 등에는 오메가-3 지방산이 거의 없으며, 오메가-6 지방산이 많다. DHA는 참치 · 연어 · 고등어 · 꽁치 · 청어 · 정어리 등 등 푸른 생선에 많이 들어 있다. 아마씨나 호두와 아몬드 · 잣 등 견과류 기름에는 오메가-3 지방산의 일종인 리놀렌산이 많다. DHA는 리놀렌산으로부터 합성될 수 있다. 세계적으로 유명한 장수마을인 파키스탄 훈자 마을은 깊은 산속에 있어 생선을 구하기가 어렵다. 그래서인지 그곳 사람들은 살구씨를 까먹기도 하고, 살구기름을 많이 먹고 있었다.

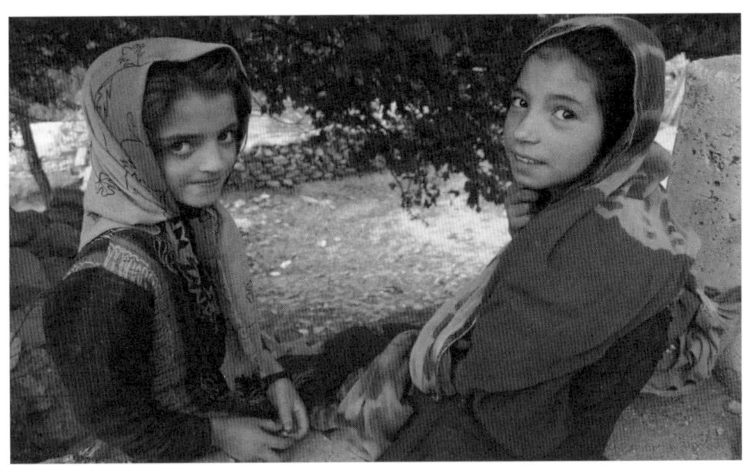

길에서 살구씨를 돌로 까서 먹고 있는 파키스탄 훈자마을의 어린이들

　오메가-3 지방산은 뇌의 활동을 촉진시켜 머리를 좋게 한다. 오메가-3 지방산의 부족은 심장병 · 관절염 · 마른버짐과 같은 피부 이상

및 면역체계, 정신적 이상을 초래할 수 있다.

나는 중국에서 1년간 교환교수로 생활한 적이 있다. 그 때 중국 식 재료에 신경이 많이 쓰여 되도록이면 유기농 재료를 구입하여 거의 집에서 요리를 해먹었다. 그런데 살던 곳이 내륙지방이었기 때문에 양식한 생선은 많았지만 자연산 생선은 구하기가 쉽지 않았다. 자연히 생선을 먹지 못하게 됐고, 하는 수 없이 오메가-3 지방산 보충제를 구해 먹어야 했다.

DHA를 충분히 섭취하기 위해서는 등 푸른 생선을 먹는 것이 가장 좋다. 그러나 DHA는 약이 아니므로 한 번 먹었다고 해서 당장 효과가 나타나는 것은 아니다. 식생활을 바꾸어 오랜 기간 동안 DHA가 들어있는 생선을 많이 먹어야만 효과가 나타난다. 그러면 등 푸른 생선을 어느 정도 먹어야 할까? 일주일에 적어도 두세 번 이상 먹는 것이 좋다.

 ## 두뇌에 해가 되는 지방과 도움이 되는 지방

두뇌에 해가 되는 지방

①포화지방산 : 고기 · 우유 · 치즈 · 버터 등 동물성 식품에 많이 들어있으며, 뇌세포의 기능을 방해한다.

②과잉의 오메가-6 지방산 : 옥수수기름이나 해바라기씨기름 등 식용유나 가공 식품에 많다. 오메가-3 지방산과의 균형이 깨지면 뇌세포에 염증을 일으켜 기억력을 감퇴시킨다.

③트랜스지방 : 마가린이나 쇼트닝 · 가공식품 · 튀긴 음식에 많이 들어있으며, 뇌의 혈액순환을 방해한다.

두뇌에 좋은 지방

①오메가-3 지방산 : 오메가-3 지방산에는 혈액순환을 좋게 하는 EPA와 뇌 발달에 필요한 DHA가 있다. 오메가-3 지방산은 등 푸른 생선에 많이 들어 있다.

②레놀렌산 : 오메가-3 지방산의 일종으로 사슬이 긴 DHA나 EPA로 전환될 수 있다. 견과류 · 아마씨 · 참기름 등에 많이 들어 있으나 몸에서 필요로 하는 DHA나 EPA를 다 채우기 어렵다.

③단일 불포화 지방산 : 뇌의 신경세포의 유지를 돕고, 뇌세포를 파괴하는 활성산소를 제거하여 기억력을 좋게 한다.

학습능력과 기억력을 높여주는 블루베리

2002년 〈TIME〉지는 블루베리를 시금치 · 견과류 · 연어 · 귀리 · 토마토 · 브로콜리 · 적포도주 · 녹차 · 마늘과 함께 10대 건강식품으로 선정한 바 있다. 블루베리가 선정된 이유는 항산화력이 뛰어나 노화를 예방하고, 심장병과 뇌졸중을 예방할 뿐만 아니라 시력과 기억력 향상에 탁월한 효능이 있기 때문이다. 블루베리의 항산화력은 진한 검붉은색에 있다. 검붉은색의 안토시아닌이 뇌세포 파괴의 주범인 활성산소를 제거하여 뇌의 손상을 억제한다.

2008년 6월, 영국 리딩대학의 스펜서 박사는 매일 300g씩 블루베리를 12주 동안 먹게 한 결과, 3주째부터 공간작업 기억력이 현저히 향상되었다고 보고하였다. 그는 블루베리에는 검붉은색의 안토시아닌이 풍부하며, 안토시아닌이 학습과 기억력 증진에 효과가 있다고 강조했다.

뇌에 비타민을 공급하는 브로콜리

뇌를 움직이고 정신력을 유지하는 데는 비타민이 반드시 필요하다. 비타민 B_6 · B_9(엽산) · B_{12} 등은 기억력을 증가시킨다. 비타민B군은 수용성으로 쉽게 몸 밖으로 배출되므로 수시로 보충해야 한다. 엽산이 부족한 사람들에게 엽산을 보충하면 기억력과 집중력이 향상된다. 엽산이 가장 많이 들어 있는 음식 중 하나가 바로 브로콜리이다. 하지만 브로콜리는 서양 채소로 우리에게 그리 친숙한 채소는 아니다. 작은 가지가 모여서 큰 송이를 이루고 있는 브로콜리는 마치 꽃봉오리같이 생긴 데다 향까지 강해서 아이들이 먹기 싫어하는 채소 중 하나이다. 그런데도 몸에 좋다고 하여 부모들이 아이들에게 억지로 먹이려 하는 경우가 있다. 미각이 예민한 아이들에게 향이 강한 채소를 무작정 먹도록 강요하는 것은 그리 좋은 방법이 아니다.

브로콜리를 날로 먹기가 거북할 때는 살짝 데쳐 먹으면 색깔도 파릇파릇하고 씹는 맛도 좋다. 데친 브로콜리를 초고추장에 찍어 먹으면 맛이 더욱더 좋다. 아이들이 잘 먹지 않으려고 할 때는 부드러운 수프로 만들어주거나 고기요리에 넣어 먹으면 좋다.

안토시아닌이 풍부한 블루베리

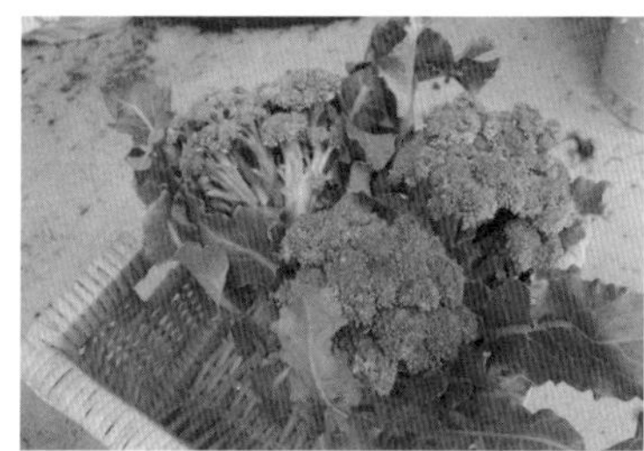

엽산이 풍부한 브로콜리

기억력을 좋게 하는 달걀

달걀은 완전식품으로 알려져 있지만 비타민C가 전혀 없고, 칼슘도 거의 들어있지 않다. 하지만 뇌를 민감하게 하고, 기억력을 좋게 하는 성분 중의 하나인 콜린이 들어있다. '콜린'은 뇌에 영향을 주어 기억력을 향상시키고 피로를 감소시킨다. 또 비타민 유사물질로 태아의 두뇌

형성에 반드시 필요하다. 세포막을 구성하는 성분으로 뇌에 피로가 쌓이는 것을 막아 뇌세포를 최상의 상태로 만드는 역할을 하기 때문이다. 콜린은 신경 전달 물질인 아세틸콜린을 만들어 기억력과 판단력을 향상시켜준다. 특히 달걀 노른자에 많이 들어있다.

뇌의 철분 보충제, 살코기

철분이 부족하면 과민증 · 주의력 감소 · 피로 · 빈혈 등의 증상을 일으킨다. 빈혈이 생기면 기운이 없고 피곤해지며 우울하고, 조바심이 나며 공부에 지장을 받는다,

미국 로체스터의대 할트맨 교수는 2001년 미국 소아과 학회지에 발표한 논문에서 철분이 부족한 학생들의 수학 점수가 정상적인 아이들의 점수보다 낮았다고 보고했다. 또한 영국의 소아과 의사 '애디'는 철분 결핍증에 걸린 아이들에게 철분을 보충했더니 혈기가 왕성해지고, 뇌의 활력이 생겨 학습능력이 현저히 개선되었다고 보고했다. 따라서 성장기에 있는 아이들은 철분이 많이 들어있는 살코기 · 생선 · 계란 · 굴 · 간 등을 자주 먹는 것이 좋다.

집중력을 향상시키는 굴

아연은 무기질의 일종으로 집중력을 향상시키고 편식을 교정시켜주는 역할을 해 학습 미네랄이라고도 한다. 아연은 계란 · 쇠고기 · 닭고기 · 돼지고기 · 생선과 굴 등에 많이 들어있다. 특히 '바다의 우유'라고 불리는 굴은 필수 아미노산 · 칼슘 · 철분과 아연이 매우 풍부하

며 소화흡수가 잘 된다. 타우린은 일종의 아미노산으로 두뇌의 성장 발달과 눈의 망막 기능을 촉진시키며, 신경계의 활동을 도와 신경과 근육이 부드럽게 잘 움직이게 한다. 문어, 굴 등의 어패류에 많이 들어 있으므로 별도로 타우린이 첨가된 식품을 먹을 필요는 없다.

공부를 잘 하려면 물을 많이 마셔라

물은 뇌에 영양소를 운반해주고, 독소를 제거하는 역할을 한다.

영국 리즈대학 브로클뱅크 교수에 의하면, 하루에 물을 8컵 정도 마시는 아이들의 학업성적이 가장 뛰어났다고 한다. 감미료 · 설탕 · 카페인 · 알코올 등이 들어있지 않은 물을 마시는 것이 좋다. 카페인 이나 알코올은 이뇨제 역할을 하여 물이 우리 몸에서 더 빠져나가게 한다. 카페인은 아이들의 성장과 뇌 발달에 필요한 철분과 아연의 흡 수를 방해하고, 청량음료 속에 들어 있는 당분과 산은 치아를 부식시 킬 뿐만 아니라 식욕을 떨어뜨리기도 한다. 그러나 녹차에 들어있는 탄닌 성분은 단백질과 지방 · 비타민B$_1$(티아민) · 철분 등의 흡수를 감 소시키므로 아이들은 녹차를 지나치게 많이 마시지 않는 것이 좋다.

 **쥬니맘표 레시피 – 견과류 채소 샐러드**

재료

견과류(호두 또는 아몬드) 30g, 방울토마토 10개, 굴 · 베이비 파프리카 1개씩, 당근 · 오이 1/4개씩, 사과 1/2개, 올리브유 1큰술, 레몬 1개의 레몬즙, 다진 허브(파슬리나 베이즐) 1작은술, 소금 · 후춧가루 약간씩

❶ 방울토마토는 반으로 자르고, 귤은 껍질을 깐 뒤 낱개로 하나씩 갈라 반으로 자른다.

❷ 당근과 오이는 반으로 가른 뒤 0.5cm 두께로 얇게 자른다.

❸ 사과 반 쪽을 4등분하여 0.5cm 두께로 얇게 자르고, 파프리카도 얇게 자른다.

❹ 올리브유에 레몬즙을 짜 넣고, 소금과 후춧가루, 다진 허브를 섞어 소스를 만든다.

❺ 큰 볼에 채소와 견과류를 넣어 소스를 뿌린다.

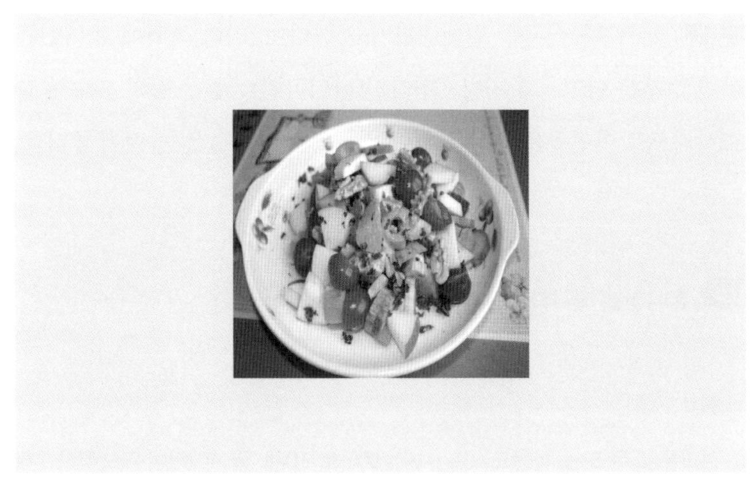

뇌를 건강하게 해주는 견과류

최근 《TIME》지는 땅콩·아몬드·잣·피칸·도토리 등의 견과류를 10대 항암 식품으로 선정했다. 견과류에는 베타카로틴·식이섬유·비타민E가 많이 들어 있어 항암 효과가 크다. 베타카로틴과 비타민E는 활성산소를 제거하여 암을 예방하며, 식이섬유는 발암물질을 흡착하여 배출시켜준다. 뿐만 아니라 견과류에는 리놀레산과 같은 불포화지방산이 많이 들어 있다. 리놀레산이 부족하면 두뇌와 망막에 필요한 DHA가 부족해 학습능력과 시각능력이 떨어지게 된다.

쥬니맘표 레시피 – 그라놀라(견과류 당조림)

그라놀라는 보통 귀리와 견과류 그리고 과일을 섞어서 만드는데 시중에 판매하는 그라놀라 중에는 재료비를 줄이려고 견과류보다는 귀리를 많이 사용하는 것이 많다. 개인적으로 나는 귀리보다는 견과류와 말린 과일을 더 많이 먹기 위해서 직접 그라놀라를 만든다. 일요일 저녁에 만들어 두면 일주일 내내 아침식사로 요구르트와 그라놀라를 섞어 먹을 수 있어서 좋다. 그라놀라 재료는 그때그때 집에 있는 걸로 바꿀 수 있다.

견과류 1컵(아몬드 · 호두 · 땅콩), 깨 $\frac{1}{4}$컵, 해바라기씨나 잣 $\frac{1}{2}$컵, 말린 과일 1컵(건포도 · 사과 · 배 · 감 · 딸기), 포도씨 오일 $\frac{1}{4}$컵, 꿀 $\frac{1}{2}$컵

❶ 말린 과일을 빼고 나머지 모두를 큰 그릇에 담아 골고루 젖는다.

❷ ❶을 큰 베이킹 시트에 깔고 150℃ 오븐에 30분간 굽는다. 중간에 한 번 뒤집는다.

❸ 다 구워진 그라놀라와 말린 과일을 큰 그릇에 담고 골고루 저어준다. 말린 과일을 오븐에 구우면 딱딱해져서 먹기 힘들기 때문에 마지막에 섞어주기만 한다.

❹ 식은 그라놀라를 병에 담아서 저장한다. 견과류에 지방이 많이 들어서 오래 두고 먹으면 산화되기 쉽기 때문에 1주일 내에 먹는다.

 ## 쥬니맘표 레시피 – 피망 · 채소 스크램블

재료

청피망 1개, 양파 · 감자 1/2개씩, 애호박 · 당근 1/4개씩, 달걀 5개, 우유 2큰술, 올리브유 1큰술, 소금 약간

만들기

❶ 피망 · 양파 · 애호박 · 감자 · 당근 등을 1cm 크기로 깍둑썰기 한다.

❷ 볼에 달걀을 깨뜨려 넣고 섞은 뒤 우유를 부어 골고루 젓는다.

❸ 프라이팬에 올리브유를 둘러 달군 뒤 깍둑썰기 한 채소를 넣고 볶는다.

❹ ❸에 ❷를 넣고 약한 불에서 타지 않게 저어주며 익힌다.

🧑 비타민A와 C가 풍부한 피망

'피망'이라는 말은 프랑스어로 미국에서는 '벨 페퍼'나 '스위트 페퍼'라 불린다. 단맛이 강하긴 하지만 피망은 고추의 일종이기 때문이다. 피망의 매운맛은 캅사이신 성분 때문이다. 피망에는 비타민A와 C가 들어있어 신진대사를 돕는다. 이 밖에도 엽록소 · 철분 · 칼슘 등이 풍부하다. 아이들에게 피망으로 스크램블을 만들어 주면 달걀의 단백질까지 동시에 섭취할 수 있어 더욱 좋다.

 **쥬니맘표 레시피 – 호두 또는 아몬드 우유**

재료

호두 또는 아몬드 50g, 우유 3컵, 꿀 1큰술

만들기

❶ 믹서에 우유, 호두 또는 아몬드와 꿀을 넣고 곱게 간다. 아몬드를 사용할 경우, 먼저 아몬드를 물에 4~6시간 불린다.

❷ 꿀을 믹서에 먼저 넣으면 밑으로 가라앉아 잘 갈리지 않을 수 있으므로 호두나 아몬드 · 우유 · 꿀 순으로 넣는다.

기억력을 증진시키는 호두와 아몬드

호두와 아몬드는 건뇌식품으로 알려져 있다. 오메가-3 지방산이 뇌의 활동을 촉진시켜 머리를 좋게 하기 때문이다. 또한 호두에는 비타민B₁ · E · 셀레늄 · 마그네슘 등이 풍부하다. 비타민B₁이 부족하면 건망증 · 불면증 · 우울증 등이 나타난다. 호두에 들어 있는 비타민 B₁은 불안 초조를 억제하고 집중력을 길러준다. 마그네슘 역시 '스트레스를 없애주는 무기질'이라는 별명이 있다. 마그네슘이 부족하면 초조증세 · 신경과민 · 경련 · 불안증세 · 불면증 등이 나타난다.

 **쥬니맘표 레시피 – 연어구이**

재료

연어 1kg, 청주 $\frac{1}{4}$컵, 간장 2큰술, 레몬즙 1큰술, 꿀 1큰술, 올리브오일 1큰술,
다진 마늘 3쪽, 후춧가루 약간

만들기

❶ 청주 · 간장 · 레몬즙 · 꿀 · 올리브오일 · 마늘 · 후추를 섞어 양념장을 만든다.

❷ 연어가 양념장에 골고루 재워지도록 큰그릇이나 지퍼백에 담고 3시간 동
안 냉장고에 둔다.

❸ 연어만 건져서 그릴이나 팬에 한쪽에 5분씩 총 10분 동안 굽는다.

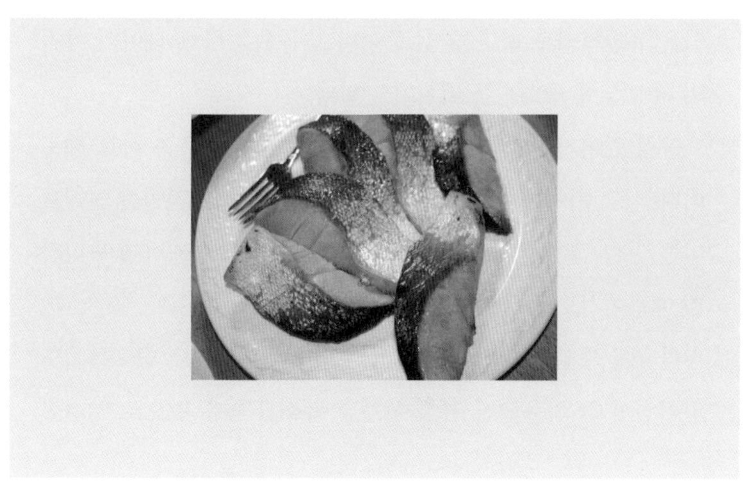

　연어에는 필수아미노산을 포함한 양질의 단백질이 풍부하여 성장기 아이들에게 좋다. 특히 뼈와 치아의 형성에 필요한 칼슘이 풍부하다. 뿐만 아니라 칼슘의 흡수를 도와주는 비타민D가 많이 들어 있다.

　철분이 풍부하여 빈혈의 예방과 치료에 좋다. DHA는 오메가-지방산의 일종으로 태아의 뇌 발달에 영향을 미치고, 유아의 뇌 발달을 향상시킨다. 연어에는 DHA가 풍부하다.

　연어를 살 때는 원산지를 꼭 확인해야 한다. 양식 연어는 자연산 연어보다 세계보건기구(WHO)에서 발암물질로 판정한 다이옥신이 11배 높으며, PCB는 거의 8배나 높다고 2004년 사이언스지가 발표했다. 다이옥신이나 PCB는 많은 양을 섭취했을 때 암을 유발하기도 하고, 임신 중이나 모유수유 중에 태아와 아기의 뇌 발달에 악영향을 미치기도 한다.

　양식 연어가 자연산 연어보다 독소가 높은 이유는 사료 때문이다. 사료 자체에 PCB 함량이 높기 때문이다. 또 자연산 연어보다는 양식 연어에 지방 함량이 더 높은데, PCB는 지방에 축적되기 때문이기도 하다.

　한국에 수입되는 연어는 북유럽산이 대부분인데 공교롭게도 양식연어 중 북유럽산 연어가 가장 독소가 높은 것으로 알려졌다. 때문에 연어를 구입할 때는 자연산 연어를 구입해야 한다. 자연산 연어는 철이 짧기 때문에 냉동으로 구입해야 할 가능성이 높다. 냉동 연어를 구입할 경우, 해동은 요리하기 전 날 미리 냉장고에 넣어둠으로써 냉장고에서 천천히 해야 생선살이 텁텁해지는 것을 막을 수 있다.

 **쥬니맘표 레시피 – 연어반찬**

연어구이를 하고 남은 연어를 다음날 반찬으로 새롭게 만들어보자. 연어반찬을 밥에 얹어 먹어도 맛이 있고, 주먹밥이나 김밥에 넣어 먹어도 좋다.

재료

연어구이에서 남은 연어 $\frac{1}{2}$컵, 레몬 $\frac{1}{2}$개, 올리브유 2큰술

만들기

❶ 작은 냄비에 연어와 올리브유를 넣고 레몬즙을 짜 넣는다.

❷ 약한 불에서 연어가 부서지도록 으깨면서 뜨거워질 때까지 데운다.

거친 음식은 아이의 성장을 돕는다

　아이들은 태어난 후 2~3년 동안 가장 성장이 빠르고 10살까지는 천천히 자란다. 따라서 태어난 후 2~3세까지의 영양이 가장 중요하다. 여자 아이들은 보통 17세까지 키가 크고, 남자들은 20세까지도 키가 자란다. 키가 크는 데는 수면 · 음식 · 운동 등이 중요하다. 성장 호르몬은 자는 동안에 많이 분비되기 때문에 잠이 부족하면 성격이 날카로워지고 성장 호르몬의 분비가 저해된다.

　간혹, 자녀의 키가 작은 것이 안타까워 인스턴트 식품이라도 많이 먹이려는 부모들이 있다. 그러나 인스턴트 식품을 자주 먹거나 청량음료를 자주 마시면 오히려 성장에 장애가 될 수 있다. 이런 음식들은 에너지를 많이 내긴 하지만 키가 크는데 필요한 칼슘과 같은 영양소가 부족하여 영양의 불균형을 초래할 수 있기 때문이다. 또한 기름기가 많은 음식이나 커피, 콜라 등 카페인이 많은 식품 역시 성장 호르몬의 분비를 방해하므로 피하는 것이 좋다.

잘 먹고 잘 배설해야 키가 큰다

소아비만은 키가 크는데 걸림돌이 될 수 있다. 체지방이 많으면 성 호르몬의 분비가 촉진되고, 성장판은 성호르몬이 분비되는 시기에 서서히 닫히게 되기 때문이다. 키가 크려면 잘 먹고 잘 싸야 한다. 골고루 먹고, 먹은 것을 잘 소화시켜 잘 배설시켜야 한다.

거친 음식에 많이 들어 있는 식이섬유는 장 내용물의 양을 증가시켜 장을 자극하여 변비를 예방해 주고 속을 편하게 해준다. 속이 편해야 잠을 잘 수 있다. 성장 호르몬은 밤 10시부터 새벽 2시에 많이 분비되기 때문에 깊은 잠을 자도록 해야 한다. 커피·콜라·코코아·초콜릿·녹차 등 카페인이 들어 있는 음식은 숙면을 방해하므로 피해야 한다.

당분이 많은 음식은 혈당을 높인다, 혈당이 높으면 성장 호르몬의 분비가 억제된다. 식이섬유가 풍부한 거친 음식은 소장에서 당의 흡수 속도를 지연시켜 혈당이 천천히 올라가게 해준다.

콩과 생선으로 단백질을 보충한다

키가 크는데 가장 중요한 영양소는 단백질이다. 단백질은 키가 크는데 필요한 근육과 결합조직을 만드는데 반드시 필요하다. 단백질은 뼈와 근육을 구성하고 혈액·세포막·효소·호르몬 등을 만드는데 필요하며 면역체계에서도 가장 중요한 구성 성분 중의 하나이다. 그만큼 성장기 아이들에게 단백질은 필수적이다.

콩으로 만든 두부 · 두유 · 콩나물 등은 키가 크는데 권장할 만한 식품이다. 콩이나 야채와 같은 거친 음식에 계란 · 우유 · 치즈 등을 곁들인다면 성장기의 아이들에겐 좋은 식사가 될 수 있다. 고기를 많이 먹어서 단백질을 보충할 수 있지만 고기에는 지방과 콜레스테롤이 많아 지나치게 많이 먹지 않는 것이 좋다. 따라서 성장기의 아이들에겐 고기보다는 단백질과 불포화지방산이 많이 들어있는 생선이나 콩이 더 좋다.

우유로 칼슘과 비타민을 보충한다

키가 크는 데는 칼슘 또한 필요하다. 칼슘은 뼈를 만드는데 필요하므로, 키가 크는데 필수적이라고 할 수 있다. 요구르트 · 치즈 · 우유와 같은 유제품으로 칼슘을 섭취한다. 카페인은 칼슘의 흡수를 방해하여 뼈의 형성을 저해하여 키가 크는데 방해가 되므로 카페인이 들어있는 커피와 청량음료는 피하는 것이 좋다. 뼈째로 먹는 멸치에도 칼슘이 풍부하다.

비타민B_2는 성장과 적혈구 형성과정을 도와주고, 비타민B_{12}는 신경조직의 유지에 필요하여 적혈구 형성에 필수적이다. 따라서 비타민B_2와 B_{12}가 부족하면 성장이 부진할 수 있다. 비타민B_2와 B_{12}는 우유 · 고기 · 계란 등 동물성 식품에 많이 들어 있어 동물성 식품의 섭취가 낮은 사람들에게 부족하기 쉽다. 특히 우유에는 비타민B_2 · B_{12}가 모두 들어 있어 성장기의 아이들에게는 빼놓을 수 없이 중요한 식품이다.

햇볕을 자주 쬐야 키가 큰다

식물체는 햇볕을 받아야만 건실하게 잘 큰다. 햇볕을 받지 못하면 연약해지고 결국 쓰러지고 만다. 사람도 마찬가지이다. 칼슘의 흡수를 도와 뼈의 성장에 도움을 주는 중요한 영양소는 비타민D이다. 비타민D는 칼슘의 흡수를 도와 뼈의 성장에 도움을 준다. 비타민D는 피부가 햇볕에 노출되었을 때 콜레스테롤로부터 생성되는 비타민으로 햇볕 비타민이라고 불린다. 하루에 최소한 15분 이상 햇볕을 쬐어야만 합성이 가능하다.

살코기로 철분과 아연을 보충한다

철분이 부족하면 성장이 지연된다. 철분이 많이 들어 있는 식품으로는 간·고기·생선·굴·계란 등 동물성 식품과 콩류 및 시금치와 같은 녹색채소류·견과류·도정하지 않은 곡류 등 식물성 식품이 있다. 하지만 식물성 식품에 들어 있는 철분은 동물성 식품에 비해 흡수력이 떨어진다. 아연이 부족하면 식욕이 부진하여 발육이 저해될 수 있다. 아연은 계·쇠고기·닭고기·돼지고기·생선과 굴 등에 많이 들어있으며, 견과류 및 전곡류(정제되지 않은 곡물)에도 많이 들어 있다.

녹색채소로 엽산을 섭취한다

엽산은 비타민B의 일종으로 핵산과 아미노산의 합성에 필요하여 성장에 중요한 역할을 한다. 엽산은 시금치·브로콜리·오렌지주

스·딸기·바나나·토마토·감자·콩류 등 주로 식물성식품에 많이
들어 있다.

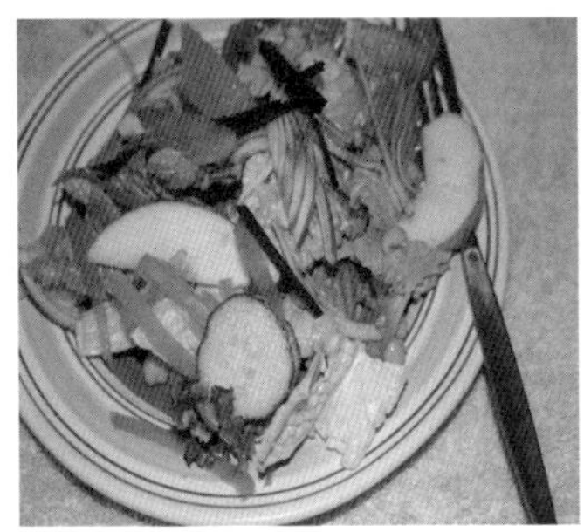

비타민이 풍부한 채소샐러드

성장의 보고인 견과류를 섭취한다

호두나 아몬드·잣·해바라기 씨앗 등 단단한 껍질에 싸여 있는 견
과류에는 아이들의 성장에 필요한 단백질이 풍부하며, 뇌 신경세포의
형성에 필요한 오메가-3 지방산이 풍부하다. 또한 견과류에는 비타민
B·칼슘·마그네슘 등이 풍부하다. 이들 영양소는 근육의 긴장과 이
완에 필요하고 혈압을 낮춰주는 역할을 한다. 따라서 이들 영양소가
부족하면 초조증세·신경과민·경련·불안증세·불면증 등이 나타
날 수 있다.

재료

올리브유 1큰술, 양파 · 당근 · 토마토 1개씩, 셀러리 1줄기, 마늘 1쪽, 흰강낭콩 1컵, 야채육수 5컵, 소금 · 후춧가루 약간씩

만들기

❶ 흰강낭콩을 전 날 밤에 미리 씻어 물에 담가 불려 놓는다.

❷ 양파 · 셀러리 · 당근 · 마늘 · 토마토는 다진다.

❸ 냄비에 올리브유를 두른 뒤 다진 양파 · 셀러리 · 당근을 넣고 볶다가 다진 마늘과 토마토를 넣고 계속 볶는다.

❹ 물에 불린 흰 강낭콩을 ❸에 넣고 물을 부은 뒤 냄비 뚜껑을 닫아 30분 정도 익힌다.

❺ 소금과 후춧가루로 간한다.

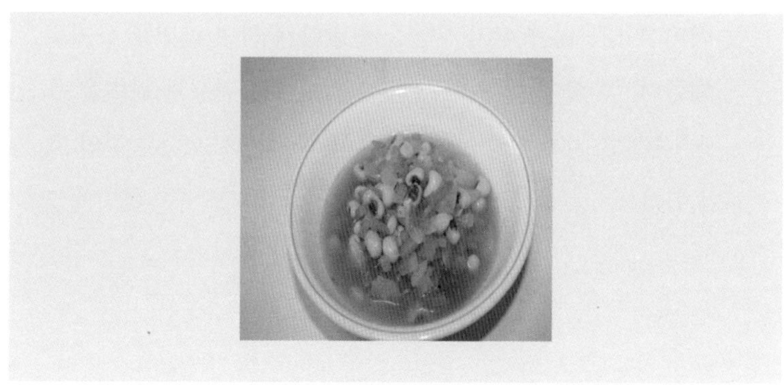

● **야채육수 만들기**

재료

양파 1개, 당근 2개, 대파 $\frac{1}{2}$개, 샐러리 1줄기, 마늘 4쪽, 물 16컵

만들기

❶ 중불에 큰 냄비를 올리고 야채와 물을 붓고 끓인다.

❷ ❶이 끓어오르면 약한 불로 줄이고 1시간 동안 끓인다.

❸ ❷가 식으면 야채를 건져낸다.

단백질이 풍부한 흰콩

흰콩에는 단백질이 40%나 들어 있어 밭에서 나는 쇠고기라고 불린다. 콩은 성장하는 아이들에게 중요한 단백질 공급원이며, 기운이 없는 아이들에게 원기를 회복시켜준다. 특히 흰콩에는 식이섬유가 많아 장의 운동을 활발하게 하여 배변을 용이하게 해준다. 콩 속에 들어 있는 레시틴은 뇌의 건강과 활력을 유지시켜주는 효과가 있으며, 콩 속에 들어 있는 사포닌은 항암 효과가 있다.

거친 음식은 아이를 안정시킨다

둘째 아이가 중학생일 때의 일이다. 담임선생님으로부터 식품과 영양에 대한 강의를 해달라는 부탁을 받고 강의를 한 적이 있다. 그 때 강의를 하면서 요즘 아이들은 내가 학교에 다니던 때와는 많이 다르다는 사실을 알았다.

아이들이 수업시간에 너무도 산만하고 집중력이 떨어졌다. 아이들을 집중시키려고 열심히 노력하면 잠시 조용해졌다가 다시 떠들기 시작했다. 결국에는 준비해 간 강의 자료들을 다 설명하지 못하고 끝내고 말았다. 그 때 중학생들의 수업 태도가 그렇다면 초등학교 학생들은 어떨까 하는 생각이 들었다.

간혹, 학부모들이 담임선생님으로부터 '아이가 좀 산만하고 집중을 못해요.'라는 말을 듣게 된다. 주의력이 결여되어 산만하고 과잉활동과 충동적인 행동을 나타내는 아이들이 그만큼 많은 것이다. 그런 아이들은 장난도 심하고 학교에서도 충동적으로 행동하다 보면 왕따를 당하게 된다. 집중력의 저하와 충동적인 행동으로 학교생활에 어려움이 따르고, 학업성취도가 떨어지며, 수업에 따라가지 못하고 담임선생님에게 야단을 맞는다. 이러한 증상을 주의력 결핍, 과잉활동장애(ADHD)라고 한다.

과잉활동장애는 유년기에 많이 발생하는 증상으로 주의력이 산만하여 집중을 못하고, 과다한 행동을 하거나 충동적인 행동을 보이는 등의 특징을 나타낸다. 따라서 학교생활에 어려움이 따르고, 학업성취도가 떨어지며, 일상생활에서도 심각한 문제를 야기한다. 교사의 입장에서 보면 선생님의 이야기를 들으려 하지 않고, 숙제를 내주어도 부주의하고 충동적으로 하기 때문에 문제아로 보이기 쉽다. 과잉활동장애는 단지 아이가 활기가 너무 넘치는 것과는 다른 증상이다. 이러한 행동이 계속되면 우울증으로 발달되고 자신감이 없는 아이로 성장할 수 있다.

요즘은 가정마다 아이가 하나 둘 밖에 안 되기 때문에 아이에게 관심을 많이 갖게 된다. 아이가 밖에 나가서 과잉행동을 해도 아이가 문제가 있다고 생각하기 보다는 은근히 아이가 머리가 좋고 영재성이 있다고 생각하는 부모들이 있다. 아이가 태어나면 '자기 아이는 천재처럼 보인다.'라는 말이 있다.

내 아이는 특별히 똑똑해 보이고 천재로 보이기 쉽다. 다른 아이들에게 지나치게 과잉행동을 해서 왕따를 당하는 경우에도 자기 아이가 과잉활동장애가 있다고 생각하기 보다는 '우리 아이는 비범해서 영재

가 아닌가?'라고 생각하기 쉽다. 아이가 학교에서 다른 아이들과 잘 적
응을 하지 못하면 잘 적응하기를 바라기보다는 학교에 보내지 않고
홈스쿨링을 생각해 보기도 한다. 또 병원을 찾기 보다는 영재교육기관
을 찾아 나서기를 더 선호한다.

2003년 통계에 따르면, 우리나라 초등학생의 약 3~8%가 ADHD 증
세를 보인다고 한다. 또 2007년 학교보건진흥원이 조사한 바에 의하
면, 우리나라 전체 초등학생의 약 13.3%가 ADHD 증세를 보이는 것으
로 나타났다. ADHD 증세는 어린 시절에 많이 나타나는 행동장애로
유아기에 시작되는 경우가 많으며, 주로 7세 이전에 나타난다. 일부는
성인이 되어서도 계속된다.

과잉활동장애는 아동기 정신장애 중 하나로 과잉운동장애, 주의결
핍장애 등으로도 불린다. 이런 증상은 아동들에게 흔한 증상이며 남자
아이가 여자 아이보다 10배나 높다.

따라서 아이들을 시멘트로 지어진 아파트 안에서만 키우는 것보다
는 자연 환경 속에서 흙을 밟으며 자라게 해야 아이들이 창조적이고,
정신적으로도 더 안정되게 자랄 수 있다.

미국 일리노이대 테일러 교수에 의하면 아이를 자연환경 속에서 자
라게 해야 ADHD를 예방할 수 있다고 한다.

아이들이 인터넷이나 텔레비전을 보는데 많은 시간을 보내면서 사
회성이 결여되는 것도 ADHD의 원인이 될 수 있다. 인터넷에 중독이
되다 보면 아이들은 많은 시간을 컴퓨터 앞에서 허비하게 되며, 친구
를 잃고, 사회성이 결여되게 된다. 운동을 많이 하면 뇌의 혈류량을 늘

려주어 뇌의 발달을 촉진시켜주는데, 운동을 하지 않으면 과잉활동 장애가 될 수 있다. 저녁에 수면이 부족해도 집중력 저하를 나타낼 수 있으며, 음식으로 인해 혈당량의 변화가 심하면 정신적으로 혼란이 오고, 어지러움을 느낄 수 있다.

과잉활동장애를 예방하는 다이어트 플랜

과잉활동장애의 원인은 명확하게 밝혀져 있지 않다. 유전적 원인, 환경적 요인, 대뇌피질에서의 대사불균형, 해부학적 이상 등이 복합적으로 작용하여 생기는 증상으로 알려져 있을 뿐이다. 하지만 아이가 먹는 음식도 아이의 행동에 영향을 미칠 수 있다. 따라서 아이가 이상한 행동을 하면 아이가 먹고 있는 음식부터 의심해야 한다.

① 자연식품을 먹인다

가공식품이 아이들을 과격하게 만든다는데, 가공식품 때문에 아이가 과잉활동장애에 걸리는 것은 아닐까? 많은 사람들은 설탕이나 인공색소와 같은 식품첨가물이 들어있는 인스턴트 식품이나 가공식품을 많이 섭취하면 이런 증상이 생긴다는 의심을 해왔다.

1973년 미국 파인골드 박사는 식이요법이 과잉활동장애에 미치는 영향에 대해 연구했다. 그는 식품에 첨가되는 인공색소와 향료 · 방부제와 사과 · 체리 · 차 · 커피 · 토마토 · 오렌지 · 건포도 등에 자연적으로 들어있는 살리실산염이 과잉활동장애와 관련이 있으며, 이런 식품들은 설탕도 많이 함유하고 있기 때문에 설탕 역시 과잉활동장애를 일으킨다고 보고했다. 그는 또한 과잉활동장애를 가진 아이들의 50%가 이런 물질들을 섭취하지 않으면 이런 증상을 나타내지 않았다는 연구결과를 발표했다. 그러나 그 후 다른 많은 연구에서는 인공색소나 인공감미료·방부제 등이 과잉활동장애에 영향을 미치는 것은 소수의 아이들에게만 나타났다고 했다.

하지만 아직도 미국 교사들의 90% 이상이 설탕을 함유한 식품의 섭취가 학습활동에 나쁜 영향을 끼친다고 믿고 있다. 파인골드의 연구결과가 발표된 지 거의 30년이 다 되어 가는 요즘에도 많은 사람들에게 그의 연구결과가 널리 알려져 있으며, 가공식품에 들어있는 설탕, 인공색소나 인공향료와 같은 식품첨가물이 과잉활동장애를 유발하는 것으로 믿어 아직도 그러한 식품을 피하는 사람들이 많은 것이다.

그 외에도 가공식품에 들어 있는 인공색소·인공감미료·방부제 등 식품첨가물이 소수의 민감한 아이들에게는 알레르기나 ADHD를 일으킬 수 있다는 보고들이 있다.

최근 영국의 사우스햄프턴대학의 스티븐슨 박사는 어린이 3백 명을 세 그룹으로 나누어 고농도의 첨가제, 보통수준, 첨가제가 들어있지 않은 음료를 마시게 한 결과 방부제와 타르색소 등 각종 색소화합물이 과잉행동증상을 악화시켰다고 보고했다.

② 부드러운 음식의 섭취를 줄인다

아이들의 두뇌활동에는 많은 에너지가 필요하다. 이 에너지를 공급해주는 것이 음식이다. 그러나 식생활이 서구화되다 보니 아이들이 먹는 음식도 당분과 지방 함량이 높은 음식들이 대부분이다. 이러한 음식들은 아이들의 뇌 활동에 지장을 주고, 주의력 결핍을 일으킬 수 있다.

설탕이나 포도당과 같은 단순당은 쉽게 혈액 속으로 들어간다. 그렇게 되면 췌장은 인슐린을 분비하여 당을 세포 속으로 들어가게 한다. 계속해서 단순당을 섭취하게 되면 인슐린이 지나치게 많이 분비되게 한다. 그러면 쉽게 피곤해지고 주의력이 산만해지며 변덕스러워진다. 흰밀가루·흰쌀·흰빵·감자 등도 쉽게 소화되어 혈당을 빠르게 증가시킨다.

채소 중에서도 당근은 혈당지수가 높은 편이다. 바나나 포도와 같은 대부분의 과일도 단순당을 공급해 주므로 피하는 것이 좋다. 오렌지나 자몽, 배 등은 단순당이 비교적 적은 편이다. 소화하는데 시간이 많이 걸리는 복합당을 함유하는 채소, 도정하지 않은 곡물·두류 등 거친 음식을 먹어야만 한다. 이러한 음식에는 식이섬유·비타민, 무기질, 생리활성물질 등 건강을 유지하는 데 필수적인 물질이 많이 들어 있다. 이런 음식을 먹으면 인슐린이 천천히 분비되며, 덜 피곤하고 안정된 느낌을 갖게 해준다.

③ 오메가-3 지방산을 보충한다

지방에도 좋은 지방과 나쁜 지방이 있다. 공기 중에서 고체 상태인 버터나 동물성 지방은 포화지방산이 많아 나쁜 지방으로 통한다. 반면 생선 기름·올리브유·아마씨유·카놀라유 등은 실온에서 액체 상태로 불포화지방산이 많아 좋은 지방으로 통한다.

우리 몸이 필요로 하는 오메가-3 지방산과 오메가-6 지방산은 모두 불포화지방산이다. 이들은 모두 몸속에서 만들 수 없어 식품으로부터 섭취해야 하는 필수 지방산들이다. 오메가-6 지방산은 식용유 등에 많이 들어 있어 섭취가 비교적 쉽지만 오메가-3 지방산은 등 푸른 생선이나 들기름, 아마씨유 등에 들어 있다. 그러나 요즘 우리 식생활을 살펴보면 기름에 튀긴 음식이 많다. 그래서 현대인들은 오메가-6, 오메가-3의 심한 불균형 상태에 이르고 있다.

오메가-3 지방산 중 DHA는 심장병이나 암의 예방에 좋을 뿐만 아니라 어린이의 두뇌발달과도 연관이 있다. 오메가-3 지방산이 부족하면 과격해지고 학습장애를 일으킨다.

미국 퍼듀대학 스티븐스 박사의 연구결과에 의하면, 혈액 중의 오메가-3 지방산의 함량이 낮은 아이들은 행동장애 뿐만 아니라 학습장애까지 있다고 보고한다. 또한 미국 보스턴 터쿠(Turku)대학과 터프(Tuffs)대학 연구팀은 아토피의 증가는 오메가-6지방산의 섭취 증가와 밀접한 관련이 있다고 발표했다.

오메가-6 지방산의 섭취를 줄이기 위해서는 튀긴 음식을 피하고, 오메가-3 지방산이 풍부한 등 푸른 생선을 일주일에 적어도 세 번 이상 먹어야 한다. 등 푸른 생선을 먹기 어려우면 아마씨유, 달맞이꽃유 등을 매일 작은 순가락으로 한 술씩 먹어야 하지만 실천하기가 쉽지 않다.

아이를 안정시키는 데는 비타민B6 · B12 · C 등의 비타민이 필요하다. 비타민B6는 몸의 피로와 스트레스를 줄여준다. 비타민B6도 곡물의 겨 층에 많이 들어 있으므로 통째로 먹어야만 한다. 비타민B12는 뇌와 신경계 발달에 중요한 역할을 한다. 이 비타민이 결핍된 4명 중 3명 이상에서 신경장애가 나타난다. 특히 비타민 B12는 기억 · 학습에 관여하는 신경전달 물질인 아세틸콜린의 합성을 돕는다. 비타민B12는 동물성 식품에만 들어 있다. 비타민C는 신경 전달 물질의 하나인 노레피네프린의 합성에 중요한 역할을 하는데, 이 신경 전달 물질은 아드레날린의 생산을 자극해 사람의 기분에 영향을 미친다.

스트레스가 쌓이면 칼슘의 배설량이 많아진다. 칼슘이 부족하면 불안해지고 짜증을 내고 화를 잘 내게 되며 우울증에 걸리기 쉽다. 칼슘이 많이 들어 있는 음식으로는 우유 · 치즈 · 뼈째로 먹는 작은 생선 · 녹황색 채소 등이 있다. 마그네슘은 '스트레스를 없애주는 무기질'이라는 별명이 있다. 마그네슘은 근육의 긴장과 이완에 필요하고 혈압을 낮춰주는 역할을 한다. 마그네슘이 부족하면 초조증세 · 신경과민 · 경련 · 불안증세 · 불면증 등이 나타난다. 아연이 결핍되면 성장불량 · 식욕감퇴 · 생식선 발달 저해 등의 결핍증상을 나타낸다. 아연은 주로 돼지고기 · 쇠고기 · 닭고기 · 굴 등 주로 동물성식품에 존재하나 해바라기씨앗 등 견과류에도 들어 있다.

철분 결핍은 성장기의 아이들에게 흔한 증상이다. 철분이 부족한 아이들은 쉽게 피로해지며 집중을 하지 못하고 학습능력이 떨어진다.

프랑스 유럽 소아병원 코노팔(Konofal) 박사는 2004년 소아 청소년 의학지에 발표한 논문에서 과잉활동장애를 앓고 있는 아이들의 84% 가 철분 부족 상태라고 주장했다.

신경을 진정시키는 라벤더 오일

라벤더는 신경을 진정시키는 데 효과가 있다. 특히 여름에 후덥지근한 날 사용하면 좋고, 살균성분도 들어 있어서 여름철에 모기 퇴치에도 효과적이다. 단, 라벤더 에센스 오일을 살 때는 순수 100% 라벤더 오일인지를 확인해야 한다.

쥬니맘표 레시피 - 라벤더 스프레이

재료

정수한 물 1컵, 라벤더 에센스 오일 5방울

만들기

분무기에 물을 넣고 라벤더 에센스 오일을 떨어뜨린다. 냉장고에 넣어두었다가 차가워지면 집에서도 사용하고 외출할 때도 가지고 다닌다. 목덜미에 2~3번 뿌려주면 날카로워졌던 신경도 안정시키면서 긴장도 풀린다.

거친 음식은 아토피 면역력을 키워준다

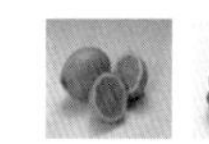

아토피 피부염은 한마디로 '참을 수 없는 가려움'으로 표현된다. 영아기에는 머리부터 발끝까지 나타나다가 나이가 들어가면 팔, 다리에서 나타난다. 온 몸이 가렵고 부스럼이 생긴다. 참을 수 없어 긁게 되면 피부가 허물고 진물이 난다. 진물이 나면 피부가 더욱 악화되면서 딱지가 앉게 된다. 아이가 잠을 잘 이루지 못하고 집중력이 떨어져 산만해지고 화를 잘 내게 된다.

정부는 2007년 서울의 초등학교 아이들의 29.2%가 아토피 피부염을 앓고 있다고 발표했다. 이는 지난 30년 사이에 두 배나 늘어난 숫자이다. 다른 나라에서도 아토피 피부염 환자가 늘어나는 것은 비슷하다. 영국에서는 1946년부터 1970년 사이에 아토피 피부염을 앓고 있는 아이들이 두 배로 늘어났다. 아토피는 유전적인 요인뿐만 아니라 물과 공기의 오염, 먹을거리의 오염 등 환경적인 요인에 의해 발생한다는 것을 보여주는 수치이다.

아토피 피부염은 1세 이전에 많이 발생되며 5세 미만의 어린아이들에게서 처음 나타난다. 유치원이나 초등학교에 가면 좋아지지만 사춘기나 20~30대에서도 아토피환자가 늘어나고 있다.

아토피의 어원은 그리스어로 '알 수 없는'이라는 뜻인 '아토포스'이다. 말 그대로 아토피의 원인은 복잡하고 다양하여 정확하게 원인이 밝혀지지 않고 있다. 유전적으로 양쪽 부모가 아토피를 앓은 병력이 있는 경우 70%, 한쪽 부모가 아토피를 앓은 경우에는 50%의 아이에게서 아토피가 나타날 수 있다. 아토피의 원인은 정확히 규명되지 않고 있지만 유해환경, 가공식품, 스트레스 등으로 면역체계가 불균형을 이루어 생기는 질환이다. 음식물을 섭취한 후 피부염이 악화되기도 하고, 호흡기를 통해서 대기 중의 진드기, 꽃가루 등에 노출되면 악화되기도 한다.

잡초처럼 강하게 키워라

영국 노팅햄대학 윌리엄스 박사는 아토피는 사회적으로 부유한 집 아이들에게서 더 많이 나타난다고 보고했다. 부모의 학력 수준이 높고 부유할수록 아이들을 지나치게 보호하다 보면 면역력이 떨어져 아토피에 더 쉽게 걸리게 된다는 것이다. 옛날처럼 아이들은 흙 위에서 뛰어 놀아야지만 면역력이 강해지는데, 너무 깨끗한 곳에서만 있다 보면 아이들이 면역력이 떨어지므로 알레르기를 일으키는 물질에 조금만 노출되어도 쉽게 아토피에 걸리게 된다는 것이다. 깨끗한 환경에서만 자라 면역력이 약한 아이들은 알레르기 유발 물질이 조금만 들어가도 연약한 피부와 호흡기를 자극하여 아토피를 일으킨다. 더욱이 요즘에는 대부분의 가정에 아이들이 하나 둘 밖에 없다 보니 아이들이 친척들과 어울릴 시간이 거의 없다. 그러다 보니 혼자 있는 시간이 많아 스트레스가 더 많이 쌓인다.

청결한 환경에서 자란 아이들일수록 아토피에 더 잘 걸리는 경향이 있다. 아이들의 위생관리가 향상되어 세균이나 오염물질과의 접촉이 줄어들면서 면역력이 떨어지기 때문이다. 집 먼지진드기·곰팡이·꽃가루·애완동물의 털·세제·방향제 등이 알레르기를 일으키는 주범이다.

아토피는 현대병이다. 아토피를 걱정한다면 아이를 온실 속의 화초처럼만 키우지 말고 잡초처럼 강하게 키워야 한다.

너무 살이 찌거나 말라도 아토피에 걸리기 쉽다

살이 쪘다고 해서 다 아토피에 걸리는 것은 아니다. 하지만 살이 찐 아이들 중에 아토피에 걸린 아이들이 많다는 보고가 있다.

호주 오스틴병원 사크터 박사는 7~12세 어린이 593명을 조사한 결과, 살이 찐 아이들 중에 아토피에 걸린 아이들이 많았다고 한다. 또 국내 한 병원에서 5~10세 아토피 환자 378명을 조사한 결과, 76%가 체중미달이었다고 한다.

이는 아토피에 걸린 아이들에게 어떤 음식은 아토피에 안 좋다고 하여 식사 제한을 하여 영양 상태가 불량한데다가 가려움 때문에 충분한 수면을 취하지 못한 탓이다. 그러나 아토피를 고치겠다고 성장기에 있는 아이에게 무조건 채식만 시키다 보면 영양불균형으로 인해 성장에 지장을 줄 수 있다.

민감한 화학물질이 아토피를 악화시킨다

아토피는 알레르기의 일종이다. 어떤 화학물질이 정상인의 경우에는 반응을 나타내지 않지만 어떤 특정한 사람에게는 비정상적으로 민감한 반응을 일으킬 수도 있다. 나는 망고에 알레르기가 있다. 그 정도가 심해서 한 조각만 먹어도 눈가가 부어오르고 얼굴이 온통 붉게 부어올라 1주일 정도는 고생한다.

중국 남부의 장수 마을을 찾아갔을 때 그곳에서 나는 망고가 하도 맛있어 보여 망고 알레르기가 있다는 사실도 잊은 채 한 개를 다 먹었다가 고생한 적이 있다. 양쪽 눈이 모두 부어오르고 얼굴과 목 부위가 빨갛게 부어올랐다. 공항에 내렸을 때는 아내도 내 얼굴을 못 알아볼 정도로 심했다. 이처럼 식품의 특정한 화학성분이 특정한 사람에게 알레르기를 일으킬 수 있다.

모든 식품은 화학물질로 구성되어 있다. 영양소로 알려진 탄수화물·단백질·지방·무기질·비타민 등도 화학물질의 일종이다.

미국 알칸사스 소아병원 벅스 박사가 4개월~22세의 아토피 환자 165명을 조사한 결과, 60%가 우유·계란·땅콩·밀가루·생선 중 하나에 의해서 더 악화된 것으로 나타났다. 또 아토피를 유발하거나 악화시키는 식품 중 우유·계란·땅콩·밀·생선 등 단백질이 많이 함유된 식품이 89%를 차지했다. 단백질이 분해될 때 생기는 독소가 아토피를 유발한 것이다. 그러나 우유 · 계란 · 생선 등은 아이들이 성장하는데 아주 중요한 식품이다. 아토피가 있다고 해서 무조건 제외시켜서는 곤란하다.

아토피를 일으키는 원인 식품은 개개인에 따라 다르기 때문에 어떤 식품이 알레르기를 일으키는지 알아야 한다. 이런 식품이 어떤 아이에게는 알레르기를 일으키지만 다른 아이들에게는 알레르기를 일으키지 않을 수도 있기 때문이다.

어떤 식품이 알레르기를 일으키는지 알아보기 위해서는 새로운 식품을 아기에게 먹인 후 다른 새로운 식품을 먹이지 않고 4~7일 정도 기다려 본다. 기다리는 동안 새로운 식품 한 가지만 계속 먹인다거나 많이 먹일 필요는 없다. 새로운 식품을 소량만 먹이고도 알레르기를 일으키는지 알아볼 수 있다. 기다리는 동안에 새로운 식품뿐만 아니라 예전에 먹였던 여러 가지 식품을 함께 먹여도 된다.

어떤 식품이 알레르기 반응을 일으키면 대체음식을 먹일 수 있다. 예를 들면 우유 속의 카제인 단백질이나 달걀흰자의 알부민과 같은 동물성 단백질이 가려움증을 유발하는 알레르기 항원이 될 수 있다. 우유에 알레르기가 있으면, 우유 · 요구르트 · 치즈 · 버터 · 마아가린 · 비스킷 등을 피하고, 두유나 두부 등을 섭취한다. 밀가루에 알레르기가 있으면, 빵 · 국수 · 만두 · 케이크 · 햄버거 · 크래커 등을 피하고 그 대신 쌀 · 팝콘 · 옥수수 · 보리가 들어 있는 식품으로 대체할 수 있다.

가공식품에는 수많은 종류의 식품첨가물이 들어 있다. 민감한 화학물질이 몸 안에 들어와 축적이 되면 알레르기를 일으켜 아토피를 악화시킬 수 있다. 벨기에 안트워프대학의 베버 박사는 살리실산·안식향산·아황산·황색색소·화학조미료 등이 아토피 환자의 증상을 악화시킬 수 있다고 보고했다. 하지만 식품첨가물만 알레르기를 일으키는 것이 아니다.

베버 박사의 연구결과에서도 계란은 71%, 밀가루는 50%, 우유와 콩은 33%의 아토피 환자에게서 아토피 증상을 악화시키는 것으로 나타났다.

우유·계란·생선 등은 아이들에게 반드시 필요한 음식들이지만 식품첨가물은 우리 몸에 필요한 성분이 아니며, 그 종류도 너무나 다양하다. 아토피가 있는 아이들은 식품첨가물이 아토피를 유발하는 물질인지 아닌지를 떠나서 무조건 피하는 것이 상책이다. 식품첨가물을 피할 수 있는 가장 좋은 방법은 가공식품을 피하고 오염되지 않은 식재료로 직접 집에서 요리해 먹는 것이다.

거친 음식으로 장을 편하게 해준다

장 건강은 아토피의 예방과 치료에 매우 중요하다. 대장이 나빠 유해물질을 빨리 배출하지 못하고 유해물질이 쌓이면 알레르기와 같은 면역반응을 일으켜 아토피 피부염이 나타날 수 있기 때문이다. 장 속의 나쁜 독을 제거하기 위해서는 섬유소가 풍부한 거친 음식을 먹어야 한다. 흰 쌀밥보다는 현미·보리·율무·수수 등을 넣은 잡곡밥이 좋다. 당근·양배추·사과 등 식이섬유가 풍부한 과일이나 채소도 장의 건강에 좋다. 국내의 한 연구결과에서 유산균을 섭취했을 때 아이의 아토피 발생율이 현저히 감소했다는 것은 장과 피부가 밀접하게 연관되어 있다는 것을 의미한다.

하지만 6세 미만의 어린 아이에게 지나치게 많은 양의 거친 음식만 먹이다 보면 속이 불편해지고 설사를 하는 경우도 있다. 따라서 어린 아이들에겐 식이섬유가 많은 거친 음식을 지나치게 많이 먹이지 않도록 주의해야 한다. 성장기의 아이들은 살코기·닭고기·생선을 자주 먹어야 한다. 만약 성장기의 아이에게 동물성 식품을 완전히 배제하고 식물성 식품만 먹일 경우에는 성장기에 필요한 모든 영양소가 부족하지 않도록 세심한 주의를 해야 하고 지속적으로 전문가의 도움을 받아야 한다.

거친 음식으로 면역력을 키워야 한다

아토피 피부염은 우리 몸 안의 면역체계에 이상이 생겨 발병하는 만큼 약물치료로 증상을 일시적으로 완화시켜주는 것보다는 면역력을 키워야 한다. 아토피를 근본적으로 예방하고 치료하려면 면역력을 증진시키는 방법밖에는 없다. 면역력을 키우는 방법으로는 생리활성물질이 풍부한 거친 음식을 먹어야 한다. 검은콩·자두·머루·블루베리·케일 등 색과 향이 강한 음식과 항산화작용이 강한 비타민A와 C가 풍부한 상추·치커리·시금치·더덕·도라지 같은 음식을 많이 섭취해야 한다. 쑥·질경이·민들레·씀바귀 등의 야생식물에도 생리활성물질이 풍부하다. 속의 열을 풀고 수분을 공급하기 위해서는 수박 · 토마토 · 사과와 배 등이 좋다.

식생활로 인해 아토피가 생겼다면 자연식품을 멀리했다는 증거이다. 세끼 식사를 제 시간에 맞춰 무공해 자연 음식을 먹어야 한다. 튀김 · 피자 · 콜라 등 인스턴트 식품이나 식품첨가물이 첨가된 가공식품을 피하고, 콩이나 잡곡밥 · 채소 · 김치나 된장과 같은 발효식품 · 해조류 등을 위주로 하는 우리의 전통식생활로 바꾸어 면역력을 키워야 한다.

독소를 제거해야 한다

납과 알루미늄과 같은 중금속 · 대기오염 · 농약성분 · 의약품의 남용 등에 의해 우리 몸 안에 독소가 생겨난다. 어른들은 쉽게 이러한 독소를 배출해 낼 능력이 있지만 체격이 작고 면역력이 약한 아이들은 독소를 배출시킬 능력이 떨어져 아토피를 일으키거나 ADHD를 유발할 수 있다. 따라서 다음과 같은 방법으로 이러한 독소를 배출시켜야 한다.

① 식이섬유를 많이 섭취한다

도정하지 않은 곡물이나 과일, 채소에 많이 들어 있는 식이섬유는 장운동을 도와 독소의 배출을 용이하게 한다. 독소는 지용성인 것들이 많으므로 지방이 많은 고기의 섭취를 줄이고 콩 · 두부 · 된장 등의 식물성 단백질을 섭취를 늘려야 한다.

②멜론 · 배 · 오이 등을 많이 먹는다

어떤 독소는 물에 잘 녹는다. 물은 우리 몸속의 노폐물을 배출하고 세포가 영양분을 섭취하도록 도와준다. 만일 인체에 수분이 부족하면 유해물질이 쌓여 각종 질병에 걸릴 위험성이 높다. 이럴 경우에는 물을 많이 마셔서 독소를 희석시켜 내보내야 한다. 또한 이뇨작용을 도와주어야 독소가 잘 배출된다. 메밀 · 율무 · 쥐눈이콩 · 우엉 · 치커리 · 알로에 · 동아 · 포도 · 옥수수수염 등 이뇨작용이 있는 식품을 섭취한다.

아이들이 먹기에 좋은 멜론 · 배 · 사과 · 딸기 · 오이 · 수박 등은 아토피나 ADHD가 있는 아이들에게서 열을 내리고 독소를 배출시키는 좋은 음식이다. 물론 이러한 과일이나 채소 역시 유기농이어야 한다.

③천연항산화제를 섭취한다

납과 같은 중금속이나 농약 등은 지용성인 것들이 많아 지방조직에 저장되어 잘 배출되지 않는 경우가 많다. 비타민A · C · E · 셀레늄 · 플라보노이드 등 항산화물질은 우리 몸에서 독성물질을 제거해 면역력을 증강시켜 준다. 비타민 보충제보다는 항산화제가 많이 들어 있는 자연식품을 통해서 섭취한다.

비타민A는 당근이나 고구마 등에 많이 들어 있다. 비타민C는 토마토 · 키위 · 귤 · 딸기 · 자두 · 호박 · 시금치 · 고구마 · 고추 · 브로콜리 등의 과일과 채소에 많이 들어 있다. 비타민E는 현미에 들어 있는

씨눈 · 해바라기 씨앗 · 호박씨 · 잣 · 식물성 기름 · 참깨 · 녹색채소류
등에 많이 들어 있다. 동물성 기름에는 비타민E가 들어 있지 않다.

잘못된 정보가 아이들의 건강을 해치고 있다

우리가 음식을 먹는 목적 중의 하나는 영양분을 섭취하여 우리 몸을 건강하게 유지하는 것이다. 동시에 우리가 섭취하는 식품은 질병을 예방하고 치료하는 기능까지 있다. 따라서 우리는 올바른 정보에 따라 올바른 식품을 선택해야만 건강을 유지할 수 있다.

많은 주부들이 텔레비전이나 신문을 통해서 식품에 대한 정보를 접하고 있다. 하지만 때로는 잘못된 정보로 인해 아이의 발육이 부진해지고, 오히려 아이의 건강을 해치는 경우도 많다.

초등학교 1학년생인 준표는 어렸을 때부터 아토피로 고생하고 있다. 얼굴이나 팔, 목 부분이 붉어지고, 가려워서 긁게 되면, 피부가 더욱 손상되고, 그럴 때마다 참지 못해 점점 신경질적으로 변한다. 준표의 괴로움을 옆에서 지켜보는 엄마의 심정은 이루 말할 수 없다.

준표는 아토피로 고생할 뿐만 아니라 주의력이 산만하여 오랫동안 집중하지 못하고, 과다한 행동을 하며 흥분을 잘한다. 어렸을 때부터 엄마는 준표와 함께 쇼핑이나 식당에도 가기 힘들었다. 정신없이 이 곳저곳을 돌아다니며, 물건을 만지거나 부수기도 했다. 식당에서 어떤 사람들은 '왜 아이를 야단치지 않느냐'고 엄마를 나무라기도 했다. 그럴 때마다 엄마는 아이를 따라 다니며 말리거나 야단을 쳤지만 소용이 없었다. 유치원에 가서도 마찬가지였다. 선생님은 한 달에 한 번 꼴로 준표 엄마를 불러 아이의 행동에 대하여 불평을 하곤 했다.

준표의 별명은 '좌충우돌'이다. 어렸을 때부터 하도 여기저기 뛰어다니면서 문제를 일으켜서 생긴 별명이다.

아이의 건강에 항상 신경을 쓰는 준표 엄마는 육류의 섭취가 모든 문제의 원인으로 생각하고, 육류는 아예 식단에서 제외하고 밥과 된장찌개, 김과 김치 등으로 식사를 준비한다. 그러나 음식을 가려먹는 준표는 아침식사를 제대로 하지 않고 학교에 간다. 대신 학교 앞 문방구점에서 불량식품으로 보이는 과자 몇 개와 사탕을 사 먹는다. 준표는 부모도 모르는 사이에 정체불명의 불량 가공식품에 무방비상태로 노출되어 있다.

준표가 다니는 학교에서는 급식을 하고 있다. 그러나 점심으로 밥과 된장찌개, 김치, 시금치 무침 등이 반찬으로 나올 때는 제대로 식사를 하지 않는다. 준표 뿐만 아니라 다른 아이들도 학교 급식으로 나오는 나물이나 김치에는 손도 안대는 경우가 많다. 그래서 수업이 끝나고 집에 돌아오면 배가 고프다고 한다. 보다 못한 엄마는 패스트푸드 전문점에 가서 아이가 좋아하는 감자튀김과 콜라를 사준다. 물론 패스트푸드가 아토피를 앓고 있는 아이에게는 좋지 않다는 것은 잘 알고 있다. 하지만 준표가 또래의 다른 아이들에 비하여 키도 작고 몸이 너무 약하기 때문에 아이가 좋아하는 감자튀김이라도 먹여야겠다는 생각이 들어 감자튀김을 먹인다. 저녁에도 전통한식으로 식단을 준비하지만 아이는 먹는 시늉만 한다. 밤늦게 집에 돌아온 아빠는 준표와 함께 야식으로 라면을 끓여 먹는다.

준표 엄마는 아이의 건강을 위해 육식을 피하고 열심히 채식 위주의 식탁을 차리고 있다. 그러다 보니 준표는 발육부진으로 몸집이 다른 아이들에 비해 월등히 작다. 성장기에 있는 어린 아이들은 많은 영양소가 필요하지만 음식물을 받아들이는 위는 어른에 비해 매우 작다. 그런 어린 아이들에게 섬유질이 많은 채식만 강요하다 보면 아이는 영양결핍을 일으키고, 성장에 지장을 받을 수밖에 없다. 준표는 어려서부터 육식을 피하며 채식 위주의 식사를 하고 있지만 실제로는 인스턴트 식품을 늘 가까이 하고 있는 셈이다.

많은 엄마들이 준표 엄마처럼 인스턴트 식품에 의존하는 것이 좋지 않다는 것쯤은 잘 알고 있지만 아이들에게 인스턴트 식품을 먹여서라도 키가 큰 아이로 키우고 싶어 한다.

준표와 같은 성장기 아이들의 경우에는 채식만 하기보다는 고기를 조금 먹이는 것이 좋다. 육식이 좋다거나 채식이 좋다고 하여 맹목적으로 그런 식습관을 극단적으로 따라 가서는 곤란하다. 어렸을 때부터 다양한 식품을 올바르게 선택하여 즐겁게 먹는 식습관을 길러야만 평생 동안 먹는 즐거움을 누리며 행복하게 살아갈 수 있다.

 ## 쥬니맘표 레시피 – 검은콩두유

재료

검은콩 15g, 물 1컵, 볶은 검은깨 2작은술

만들기

❶ 검은콩을 물에 깨끗이 씻어 하룻밤 물에 불린다.

❷ 불린 콩에 물을 붓고 약한 불에서 20분 정도 삶는다.

❸ 블랜더에 ❷와 검은 깨를 넣고 2분 정도 분쇄한다.

🧑 시력을 좋게 하는 검은콩

검은콩은 식이섬유가 풍부해 배변을 좋게 하여 피부를 깨끗하게 하고, 인지질 성분과 비타민B · E가 많이 들어 있어 피부를 건강하고 촉촉하게 한다. 노란콩과는 달리 검은색의 안토시아닌 색소를 함유하고 있는데, 안토시아닌 색소는 로돕신의 합성을 촉진하는 역할을 하여 시력을 좋게 하고, 눈의 피로를 안정시켜 주는 역할을 할 뿐만 아니라 콜라겐의 기능을 향상시켜서 피부에 탄력과 생기를 준다. 또한 검은콩에는 아연이 많이 들어있어 피부가 손상되었을 때 복구하는 역할도 하고 피부의 감염을 예방한다.

 쥬니맘표 레시피 – 당근주스

재료

당근 2개, 오이 1개, 셀러리 1줄기, 사과 1개

만들기

❶ 당근 · 오이 · 샐러리 · 사과를 적당한 크기로 썬다.

❷ 생즙기에 채소와 과일을 넣고 함께 갈아 주스를 만든다.

검은콩두유   당근주스

 ## 피부와 눈의 건강을 돕는 당근

당근 100g에는 3g의 식이섬유가 들어 있는 데 비해 열량은 34kcal 밖에 되지 않아 다이어트에 좋다. 포만감도 크기 때문에 다이어트 중에 당근을 날로 씹어 먹으면 식사량도 줄일 수 있고, 스트레스와 변비 해소에도 도움이 된다. 또한 무기질과 비타민도 풍부하다. 당근 100g에는 비타민A가 7.3mg 정도 들어있다. 비타민A는 피부를 곱고 매끄럽게 해주며, 병균에 대한 저항력을 높여주고, 눈이 침침해지는 것을 예방해준다.

 ## 쥬니맘표 레시피 – 딸기쉐이크

쉐이크는 기본공식만 알면 재료에 크게 구애받지 않고 그때그때 집에 있는 것으로 다양한 맛을 낼 수 있다.

※쉐이크 = 저지방 우유 $\frac{1}{2}$컵+저지방 요구르트 $\frac{1}{2}$컵+믹서에 갈릴 만큼 부드러운 과일 1컵

이때 과일은 한 가지를 써도 되고 여러 가지를 섞어도 된다. 믹서에 갈릴 만큼 부드러운 과일로는 딸기 · 배 · 복숭아 · 자두 · 바나나 · 파인애플 등이 있다.

재료

딸기 1컵, 저지방 우유 $\frac{1}{2}$컵, 저지방 요구르트 1/2컵

❶ 딸기 · 우유와 요구르트를 믹서에 넣고 간다.

❷ 레몬즙을 약간 넣어주면 상큼한 맛을 더해준다.

 **쥬니맘표 레시피 – 딸기 체리 머핀**

재료

다진 딸기 1컵, 씨를 빼고 다진 체리 $\frac{1}{2}$컵, 설탕 $\frac{1}{2}$컵, 통밀기루 $1\frac{3}{4}$컵, 베이킹 파우더 2작은술, 베이킹 소다 $\frac{1}{2}$ 작은술, 소금 $\frac{1}{4}$ 작은술, 레몬즙 1큰술+우유 =1컵, 포도씨 오일 $\frac{1}{4}$컵, 계란 1개, 바닐라향 1작은술

만들기

❶ 오븐을 200℃로 예열한다.

❷ 큰 그릇에 통밀가루 · 베이킹파우더 · 베이킹소다 · 소금을 골고루 섞는다.

❸ 작은 그릇에 우유 · 오일 · 계란 · 바닐라향을 섞는다.

❹ ❷에 ❸을 넣고 섞일 때까지 살짝 섞는다.

❺ 딸기와 체리를 ❹에 놓고 살짝 섞는다.

❻ 기름을 살짝 바른 머핀 틀에 ❺를 붓고 오븐에 15분간 굽는다.

❼ 이쑤시개로 찔러서 이쑤시개가 깨끗하게 나오면 오븐에서 꺼내서 5분간 식힌다.

❽ 머핀 틀에서 꺼내서 식힌다.

딸기쉐이크

딸기체리머핀

피로회복에 좋은 딸기

　면역력을 증강시켜주는 비타민C가 가장 많이 들어있는 과일이다. 단맛을 내는 것은 약 5% 정도의 당이 들어있기 때문이며, 신맛을 내는 것은 1~2%의 유기산 때문이다. 유기산 중 가장 많이 들어있는 구연산은 체내에서 신진대사를 원활히 해줌으로써 피로를 없애주고 혈액을 깨끗하게 해준다. 또한 식이섬유의 일종인 펙틴이 1.3%가 들어 있다.

　딸기쉐이크는 딸기에 부족하기 쉬운 칼슘과 비타민B 등을 우유로 보충할 수 있어 균형 있는 영양식이라고 할 수 있다.

재료

스파게티 200g, 양송이버섯 10개, 새송이버섯 1개, 애느타리버섯 100g, 올리브유, 다진 파슬리 1큰술씩, 양파 1/2개, 마늘 1쪽, 청 · 홍피망 1/4개씩, 토마토(또는 방울토마토) 400g, 소금 약간

만들기

❶ 끓는 물에 소금을 조금 넣고 면을 10분 정도 삶아 체에 얹어 물기를 뺀다.

❷ 버섯은 깨끗이 씻어 0.5cm 두께로 먹기 좋게 썬다.

❸ 양파는 채 썰고 마늘은 다진 뒤 올리브유를 두른 냄비에 넣어 5분 정도 볶다가 어느 정도 익었을 때 버섯과 채 썬 피망을 넣고 볶는다.

❹ ❸에 다진 토마토를 넣고 볶은 후 살짝 졸인다.

❺ 소금과 후춧가루로 간하고 삶은 스파게티를 넣어 골고루 버무린다.

❻ 먹기 전 다진 파슬리를 뿌린다.

향긋한 냄새와 맛 때문에 옛날부터 많은 사랑을 받아왔다. 비타민B₂ · D와 아연 · 망간 · 칼슘 · 칼륨 등 무기질이 풍부하게 들어 있으며, 특히 베타글루칸이라는 다당체는 아이들의 면역력을 향상시켜준다. 수용성이라 물에 삶으면 빠져 나오게 되므로 생으로 먹거나 볶아 먹거나 국물까지 먹는 것이 좋다.

아이를 키우는 엄마라면 반드시 알아야 할 아이 밥상의 모든 것

Part ● 3

아이를 변화시키는 기적의 밥상 10계명

어렸을 때부터 거친 음식을 먹여라

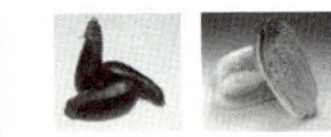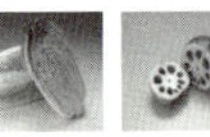

'세 살 버릇 여든까지 간다.'는 속담이 있다. 이는 어렸을 때 생긴 버릇은 고치기 힘들어서 평생 동안 유지된다는 말이다. 식습관도 마찬가지이다. 어렸을 때 형성된 식습관은 평생 동안 지속되면서 변화되기 어렵다. 어렸을 때 패스트푸드를 먹고 자란 아이들은 커서도 그 달콤한 맛에서 헤어나기 어렵다. 패스트푸드를 먹지 않다가 모처럼 먹어보면 그 맛이 입안에서 사르르 녹아내리는 듯하다. 얼마 동안 먹지 않으면 자다가도 눈에 어른거리는 것이 패스트푸드이다.

성장기에는 먹는 식품의 영양성분이 신체의 발달에 크게 영향을 미치기 때문에 식습관이 매우 중요하다. 특히 아이들의 두뇌는 6~8세가 되면 거의 발달되며, 아이들의 식습관이나 음식에 대한 선호도는 10세 이전에 형성된다. 따라서 어렸을 때 편식이나 과식하는 습관을 갖게 되면 커서도 좀처럼 바꾸기가 어렵다.

어린시절 식습관이 평생 간다

큰 아이가 초등학교에 다닐 때는 도시락을 싸가지고 다녔다. 도시락 반찬은 주로 나물 · 멸치 · 생선 등을 싸 주었다. 그러던 어느 날 아이는 엄마에게 "엄마, 다른 아이들의 도시락은 화려한데 왜 내 도시락은 우중충해요?"라고 심각하게 물었다. 그때 아내는 아이에게 "어떤 것이 화려한 것이고, 어떤 것이 우중충한 것이냐?"라고 물었다. 아이의 대답은 다른 아이들의 반찬은 주로 소시지나 햄과 같은 가공식품으로 색도 화려하고, 맛이 있어 보이는데 자기 도시락은 산나물 · 콩나물 · 시금치 · 멸치볶음 등을 싸 주니, 다른 아이들의 도시락과는 도시락 색깔이 너무 비교가 된다는 것이었다.

또 아이는 엄마가 열심히 싸준 멸치볶음 속에서 멸치눈알이 새까맣게 반짝거리며 노려보고 있어서 도저히 먹을 수가 없다고 했다. 그러나 아내는 칼슘이 풍부한 멸치를 먹어야만 키가 클 수 있다는 것과 인스턴트 식품의 유해성분이 인체에 미치는 영향에 대해서 설명해주곤 했다. 하물며 이다음에 남자친구를 만나더라도 어렸을 때에 어떤 음식을 먹고 자랐는지 꼭 물어보고 사귀라고까지 조언해주었다.

결혼 후 미국에 살고 있는 큰 아이는 가장 먹고 싶은 음식이 어렸을 때 시골집에서 먹던 시래깃국이나 나물무침이라고 한다. 아내는 매년 시래기를 말려 시래기를 딸에게 갖다 준다. 한 번은 아내가 시래기를 가지고 미국에 갔을 때 미국 공항의 직원이 시래기를 보고 "말라 비틀어지고 퀴퀴한 냄새가 나는 것이 무엇인데 귀한 보물처럼 싸 들고 들어가느냐?"고 물으며 의아해했다고 한다.

미국 사람들은 냄새 나는 시래기를 먹는 것을 이해하지 못하지만 시래기는 우리의 전통적인 거친 음식이다. 우리 아이는 어렸을 때 시래기를 먹어 보았기 때문에 시래기를 그리워하는 것이다. 시래기를 먹어보지 않은 아이가 커서 시래기를 찾을 리는 없다. '고기도 먹어 본 놈이 잘 먹는다'는 속담이 있듯이 아무리 좋은 음식이라도 어렸을 때 먹어보지 않으면 평생 동안 그 맛을 모르고 살 수 있다.

아이의 식습관은 100% 부모에게 달렸다

대부분의 아이들은 식품이 건강을 유지하는데 중요하다는 것 정도는 알고 있지만, 짜고, 달고, 기름기가 너무 많이 들어 있는 음식을 섭취하면 만성적인 질병에 걸려 건강을 해친다는 사실은 잘 모른다. 또한 알아도 실천하기가 쉽지 않다.

아이들은 부모가 챙겨주는 음식을 먹게 마련이므로 부모의 역할이 그만큼 중요하다고 할 수 있다. 따라서 아이들에게 올바른 식습관을 길러주고, 식품과 영양에 대하여 올바르게 이해시키는 것은 부모의 몫이다.

아이에게 좋은 식습관을 길러주기 위해서는 부모가 솔선수범해야 한다. 최근 어느 한 보건소에서 조사한 바에 의하면, 비만 어린이의 아빠는 일주일에 3회 이상 술을 마시고 있으며, 아빠가 담배를 피울 경우 자녀가 비만일 확률이 1.3배 높다고 한다. 술을 자주 마시거나 담배를 피우는 부모는 자기관리가 부족하고 자녀에 대해 무관심할 가능성이 높기 때문이라고 한다.

아이게게 좋은 식습관을 길러주기 위해서는 모든 가족이 함께 식생활에 관심을 갖고 과일과 채소 위주의 식단을 차리고, 인스턴트 식품을 피하는 식생활을 실천해야 한다. 아이들이 먹고 싶은 대로 음식을 골라먹다가는 비만으로 평생 고생을 하며 살아야 한다는 것을 어렸을 때부터 가르쳐 주고 골고루 알맞게 먹는 식습관을 기르도록 해야 한다.

학교급식을 100% 활용한다

현재 대부분의 초·중·고등학교가 급식을 하고 있다. 그러나 요즘 아이들은 학교에서 제공하는 음식 중 자기가 좋아하는 음식만을 골라 먹고 싫어하는 음식은 먹지 않는 경우가 많다.

아이들의 잘못된 식습관을 고치는 데 학교급식을 활용할 필요가 있다. 따라서 부모들은 학교에서 어떤 메뉴가 점심으로 제공되고, 아이가 남기지 않고 골고루 먹는지 확인할 필요가 있다. 또 아침에는 영양가 있는 아침식사를 먹여서 학교에 보내고, 집에 돌아 온 후에는 점심식사를 고려해서 균형 있는 저녁식사를 제공해야 한다. 가끔 어떤 부모는 "우리 아이는 어떤 음식을 좋아하지 않는데 왜 학교에서 그 음식만 주느냐"고 항의하기도 한다고 한다. 그런 경우에는 오히려 학교의 영양교육을 통해 아이의 식습관을 바꾸는 기회로 삼는 것이 좋다.

예를 들어 아이가 현미밥·보리밥·잡곡밥이나 김치, 산나물 등을 잘 안 먹는다면, 학교 급식시간을 통해 그런 음식을 먹을 수 있는 기회로 삼아야 한다.

아이들이 싫어하는 음식 먹이기

"맛이 이상해. 우~웩" 하는 소리와 함께 시댁 조카를 위해 정성껏 준비한 음식이 보기 흉한 모습으로 식탁 위에 다시 등장했다. 나름대로 아이들 입맛에 맞춘다고 신경을 많이 썼는데…….
아무튼 나는 정말 놀랐다. 대체 이런 버릇없는 아이가 어디 있을까? 음식이 자기 맘에 안 든다고 다른 사람들과 함께 식사하는 자리에서 음식을 뱉어버리다니. 그러나 생각해보면 무조건 아이만 버릇없다고 나무랄 일도 아니다.

펜실베이니아주립대 버치(Birch) 교수에 의하면, 달고 짠 맛은 본능적으로 누구나 좋아하지만 그 이외의 맛은 그 음식을 얼마나 자주 먹어 보았는지에 따라 그 음식에 대한 선호도가 바뀐다고 한다. 일단, 모유수유를 했던 아이들이 분유식을 했던 아이들보다 새로운 음식에 대한 거부감이 덜하다고 하는데, 그 이유는 분유 맛은 늘 같지만 모유는 엄마가 무엇을 먹었는지에 따라 맛이 변하기 때문이라고 한다.

　또 특정 음식을 먹었을 때의 환경이 어떠했는지가 그 음식에 대한 인식에 큰 영향을 미친다고 한다. 동생이 어렸을 때 어디선가 상한 미역국을 먹고 배탈이 난 적이 있었는데 그 때문에 지금까지도 미역국을 싫어하는 것이 좋은 예다. 그러니 조카도 먹어본 적이 없는 우리 집 거친 음식이 입에 맞지 않았을 것이고 무조건 먹으라고 한 것 자체가 아이에게 큰 무리였을 것이다.

　음식을 뱉어내는 것은 정말 무례해 보이는 행동이기는 하지만 버치 교수에 의하면, 아이에게 새로운 음식을 먹어보라고 권할 때에는 음식을 뱉어낼 수 있는 기회를 주는 것이 아이에게 부담을 줄여주어 오히려 더 효과적이라고 한다. 맛이 없어도 무조건 삼켜야 한다면 아예 맛도 보지 않으려 하지 않겠는가? 그래도 이럴 땐 아이에게 최소한의 예의를 갖출 것을 요구하는 것이 좋을 듯싶다. 같이 식사하는 사람들을 생각해서 뱉고 싶으면 뱉되, 냅킨이나 티슈에 뱉도록 하고 지나치게 맛이 없다고 할 필요도 없이 그냥 조용히 뱉도록 하는 것이 좋다.

　반대로, "다 먹으면 아이스크림 줄게" 또는 "다 먹으면 컴퓨터 게임을 하게 해줄게." 라고 경우도 있는데, 이런 방식도 다시 생각해 봐야 한다.

　버치 교수에 의하면 어떤 상을 받으려고 억지로 음식을 먹은 경우, 아이들은 그 음식을 더욱 더 싫어한다고 한다.

아이 스스로 먹을 수 있는 분위기를 만들어줘라

식사 때만 되면 한 숟가락이라도 더 먹이려는 엄마와 안 먹으려고 애를 쓰는 아이의 모습을 흔히 볼 수 있다. 그런 아이들은 식사 시간이 되면 으레 부모와의 다툼이 시작되리라는 것을 각오하고 있다. 따라서 부모가 야단을 치면 칠수록 아이는 더 안 먹으려 애를 쓰게 되고 식사 시간을 더욱 싫어하게 된다. 따라서 아이와 먹는 일로 다투거나 강제로 먹이려고 해서는 안 된다.

아이가 자기 입맛에 맞는 음식만 먹으려고 떼를 쓰는 것은 당연한 일이다. 아이가 밥을 잘 먹지 않을 때는 아이의 입장에서 생각해야 한다. 아이의 음식에 대한 지식 수준은 엄마의 수준과는 다르다. 어린 아이는 엄마의 수준에 맞출 능력이 없다. 따라서 엄마가 아이의 입장에서 아이의 수준에 맞추어 생각해야 한다. 아이가 잘 먹을 때는 칭찬을 해주고 잘 먹지 않더라도 절대로 야단을 쳐서는 안 된다. 또 식사 시간

에는 즐겁고 부드러운 분위기를 만들어 아이를 편안하고 즐거운 마음
으로 식사를 하게 해주어야 한다.

콩·파·당근·브로콜리·샐러리 등 독특한 향이나 맛을 내는 음
식을 싫어하는 아이들이 많다. 그럴 때는 아이들이 스스로 먹을 수 있
는 분위기를 만들어주는 것이 중요하다. 싫어하는 음식을 강제로 먹
이지 말고, 조금씩이라도 맛볼 수 있도록 유도해야 한다. 그리고 왜 이
음식이 좋은지 잘 설명해주고 아이들이 납득할 수 있도록 설득해야
한다. 아이에게 무작정 강제로 먹도록 강요해서도 안 된다.

조지 부시 전 미국 대통령은 제일 싫어하는 음식이 브로콜리라고
한다. 그 이유는 어렸을 때부터 어머니가 브로콜리가 몸에 좋다며 매
일 먹도록 강요했기 때문에 더욱 싫어하게 되었다고 한다.

어른이나 아이나 각자 싫어하는 음식이 있을 수 있다. 그러니 아이
가 어떤 특정한 음식을 싫어한다고 해서 너무 걱정할 필요는 없다. 이
세상에 그 음식 말고도 아이가 좋아하면서 몸에 좋은 음식은 얼마든
지 있다.

따라서 아이가 좋아하면서도 몸에 좋은 음식을 먹게 해야 한다. 음
식을 골고루 주다 보면 필요한 영양소를 자연히 섭취하기 마련이다.
아이가 몸에 좋은 모든 음식을 다 좋아하기를 기대하는 것은 부모의
지나친 욕심이다.

피키 이터(식성이 까다로운 아이)는 배가 고프게 해야 한다
식사 시간만 되면 밥 먹는 것 때문에 아이와 실랑이를 하는 집이 많

다. 아이가 식사 시간에 밥을 잘 먹으려 들지 않으면 부모는 애가 타기 마련이다. 그런 아이를 피키 이터(picky eater, 식성이 까다로운 아이)라고 한다. 피키 이터를 둔 부모는 식사 시간이 되면 속이 탄다. 그래서 억지로라도 먹이려고 아이의 뒤를 졸졸 따라 다니며 애를 쓰지만 헛수고에 지나지 않는다.

아이가 밥을 먹으려고 하지 않는 것은 배가 고프지 않다는 증거이다. 그때는 아이가 배가 고파질 때까지 기다려야 한다. 그러나 대부분의 부모들은 조급한 나머지 기다리지 못하고 억지로라도 먹이려고 든다. 간혹 아이가 밥을 안 먹으면 과자나 햄버거와 같은 간식이라도 먹이려고 하는 부모들도 있다. 하지만 식사를 안 하는 아이에게 식사 전에 간식을 주면 밥을 더 안 먹게 된다. 특히 식사 1~2시간 전에는 간식이나 음료수를 줘서는 절대 안 된다.

식사 시간에 집중하게 한다

식사 시간에는 식사에만 집중하는 식습관을 길러 주어야 한다. 텔레비전이나 만화를 본다거나 장난감을 가지고 놀게 하는 것은 바람직하지 않다. 아이가 산만해져서 식사에 집중하지 못하고 식사를 너무 적게 하거나 과식할 우려가 있기 때문이다.

아이와 함께 요리를 한다

아이들에게 먹이고 싶은 음식이 있다면 아이가 그 음식에 친숙해지도록 해줘야 한다. 아이들과 함께 옥수수를 까 보기도 하고, 고구마를

구워 보기도 한다. 아이와 함께 새로운 요리를 해보고 식사 준비를 함
께 하는 것도 아이에게 새로운 음식에 대한 흥미를 유발할 수 있다. 아
이가 밥을 잘 먹지 않을 때는 운동이나 놀이를 해서 배가 고프게 한 다
음 또래의 밥을 잘 먹는 아이와 함께 식사를 하게 하는 방법도 있다.
친구가 맛있게 먹는 모습을 보고 배가 고픈 아이는 자연스럽게 함께
맛있게 먹을 수 있다.

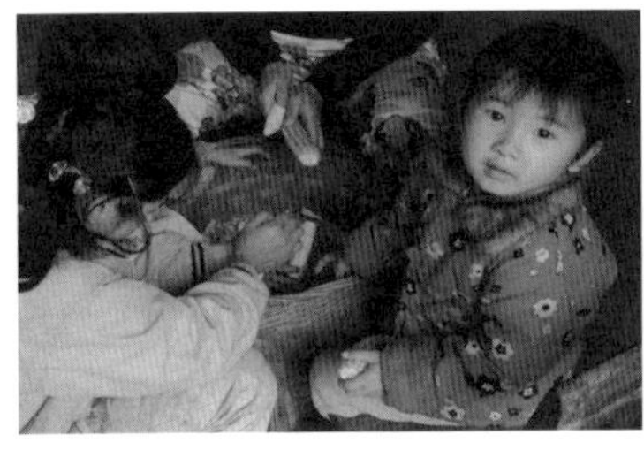
부모와 함께 옥수수를 까고 있는 중국 아이들

엄마와 함께 호박빵을 만들고 있는 쥬니

다른 방식으로 요리한다

아이가 어떤 특정한 음식을 잘 먹으려 하지 않으면, 영양가가 비슷
한 다른 새로운 음식을 내어 놓는다. 콩을 싫어하는 아이들은 콩을 가
려내고 먹는 아이들도 있다. 그럴 땐 굳이 콩밥을 먹일 필요는 없다.
콩으로 만든 콩나물이나 두부를 먹이면 된다. 처음 먹는 음식이 낯설
어 뱉어버리는 경우도 있다. 새로운 음식을 처음부터 좋아하기가 쉽지
않다. 새로운 음식을 먹지 않으면 몇 주 지난 다음에 다시 다른 방법으

로 요리를 해서 내놓는다.

시각적으로 흥미를 유도한다

아이들이 채소를 싫어할 때는 시각적으로 보기 좋게 만들어 아이의 흥미를 끌어야 한다. 아이들과 함께 당근이나 감자 등 야채로 여러 가지 동물이나 사람, 장난감 모양을 만들어 보면서 야채에 친숙하게 해준다. 아이들과 함께 직접 요리를 해보는 것도 좋은 방법이다.

호박 · 감자 · 브로콜리 · 당근 등으로 수프를 끓이거나 아이들이 좋아하는 고기에 여러 가지 채소를 썰어 넣고 볶은 다음 아이들이 좋아할 만한 소스를 섞어 주는 것도 좋은 아이디어이다.

터키를 방문했을 때 길거리에서 샌드위치 빵에 석쇠 위에서 구운 고등어와 양파, 녹색채소를 끼워 레몬소스를 듬뿍 뿌려 팔고 있는 것을 본 적이 있다. 하도 사람들이 맛있게 먹길래 궁금해서 사 먹어 보았는데, 정말 맛있었다. 생선을 싫어하는 아이들에게 구운 생선을 끼워 먹는 샌드위치는 추천할만한 요리라고 생각되었다.

아이들은 오랫동안 가열하여 물렁물렁한 것보다는 살짝 가열하여 씹기에 단단한 것을 좋아한다. 또 어두운 색보다는 밝고 예쁜 색을 더 좋아한다. 따라서 요리할 때에 물을 조금만 넣고 살짝 찌거나 전자레인지에서 살짝 가열하여 바삭바삭한 맛을 유지하도록 하는 것이 좋다.

구운 고등어를 샌드위치에 넣어 먹는 터키 사람들　　오이와 토마토로 하트 모양을 만든 요리

 **쥬니맘표 레시피 – 감자수프**

재료

감자 5개, 양파 1/2개, 대파(흰 부분) 1토막, 올리브유 1큰술, 닭고기 육수 2
컵, 저지방우유 1컵, 소금 약간

만들기

❶ 양파와 대파는 얇게 채 썬다.

❷ 냄비에 올리브유를 두르고 달군 뒤 양파 채를 넣고 볶는다.

❸ ❷에 대파 채와 감자를 넣고 닭고기 육수를 부어 뭉근히 끓인다.

❹ 핸드 믹서로 골고루 섞는다.

❺ 우유를 넣어 살짝 끓인 뒤 소금으로 간한다.

무기질이 풍부한 감자

감자는 부드럽고 맛이 좋아 소화 기능이 떨어지는 아이들이 부담 없이 먹을 수 있다. 감자 100g에는 나트륨을 몸 밖으로 배출시켜주는 칼륨이 약 400mg이나 들어 있다. 그러나 감자에 풍부한 칼륨은 물에 잘 녹는 성질이 있어 물에 삶으면 빠져나오므로 국이나 수프로 먹지 않을 때는 스팀으로 찌는 것이 좋다.

쥬니맘표 레시피 – 브로콜리수프

재료

브로콜리 300g, 양파 1/4개, 중간 크기 감자 1개 , 올리브유 3큰술, 육수 2컵, 우유 1컵, 소금 약간

❶ 브로콜리를 씻고 줄기부분은 껍질을 벗긴 후 깍둑썰기를 한다.

❷ 다진 양파와 감자를 올리브유를 두른 냄비에 넣고 3분간 볶는다.

❸❷육수를 붓고 10분간 끓인다.

❹ 브로콜리를 잘게 다져 냄비에 넣은 뒤 10분 동안 더 끓인 뒤 핸드 믹서로 전체를 갈아준다.

❺ 살짝 끓인 뒤 우유를 넣고 소금으로 간한다.

 비타민C와 엽산이 풍부한 브로콜리

브로콜리는 엽산 · 비타민A와 C · 칼슘 · 수용성 식이섬유가 많이 들어 있다. 브로콜리 100g에는 약 100mg의 비타민C가 들어 있다. 이는 비타민C가 많은 것으로 알려진 귤보다 2.5배, 감자보다 5배나 많은 양이다. 또한 브로콜리에는 비타민B의 일종인 엽산이 많이 들어 있다. 엽산은 빈혈의 예방에 필요한 비타민이다. 하지만 딱딱해 아이들이 날로 먹기에는 좋지 않다. 이럴 때는 수프를 만들어 먹으면 영양소를 파괴하지 않고 먹을 수 있다.

 ## 쥬니맘표 레시피 – 오븐에 구운 브로콜리

브로콜리는 원래 데치거나 생으로 먹지만 양배추와 같은 과이기 때문에 오래 요리를 하면 할수록 냄새가 난다. 살짝 데쳐서 초고추장에 찍어 먹으면 맛이 있지만 아이들이 좋아하지 않는다면 다음 레시피를 시도해 보길 바란다. 높은 온도의 오븐에 구우면 당분이 분해되어 갈색으로 변하면서 달콤해진다.

재료

브로콜리 1단, 소금 1/8 작은술, 후추 1/8 작은술, 레몬 $\frac{1}{4}$개(각자 기호에 따라 조절)

만들기

❶ 브로콜리를 씻은 후 물기를 최대한 털어낸다. 물기가 있으면 구워지는 대신에 쪄질 수 있기 때문이다.

❷ 줄기 마지막 말라 보이는 부분만 잘라내고 줄기 껍질을 벗긴다.

❸ 큰 그릇에 브로콜리와 소금 후추를 넣고 골고루 섞는다.

❹ 베이킹 시트에 겹치지 않도록 담는다.

❺ 오븐에 20분 구우면서 중간에 한번 뒤집는다.

❻ 시큼한 맛을 좋아한다면 상에 내기 전에 레몬즙을 뿌리면 시큼한 맛을 즐길 수 있다.

오븐에 구운 브로콜리

시금치수프

 쥬니맘표 레시피 – 시금치수프

재료

올리브유 2큰술, 마늘 1쪽, 양파 1/2개, 물(또는 육수) 4컵, 감자 1개, 다진 시
금치 1컵, 소금 약간

만들기

❶ 큰 냄비에 올리브유를 두르고 가열한 뒤 마늘과 양파를 다져 넣고 함께 볶
는다.

❷ 감자는 껍질을 벗겨 깍둑썰기 한 뒤 냄비에 물과 함께 넣고 감자가 뭉그러
질 때까지 끓인다.

❸ 다진 시금치를 넣고 2분 정도 더 끓인다.

❹ 소금과 후춧가루로 간한다.

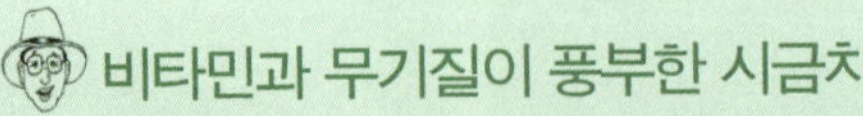# 비타민과 무기질이 풍부한 시금치

시금치에는 비타민A와 C가 풍부하다. 시금치는 강장보혈의 효과가 있어, 기운이 없을 때 기운을 차리게 해주는 식품이다. 시금치에는 혈액을 보충하는데 필요한 철분, 엽산 등이 들어있기 때문이다. 시금치 100g에는 철분이 3.0mg이나 들어있어 안색이 나쁘고, 피부의 윤택이 없으며, 나른하고 가슴이 두근거리거나 항상 불안해하는 사람이나 발육기의 어린이에게 좋은 식품이다.

민간요법에서는 빈혈을 치료하는데 시금치를 기름에 볶아먹는다. 시금치에는 칼슘도 많이 들어 있지만 동물성 식품에 비해 흡수가 잘 안되는 단점이 있다.

지나친 통제와 간섭은 'No'

어른이 되어서도 자기가 얼마만큼 배가 고픈지를 모르는 경우가 많다. "때가 되면 먹어야지."라든가 "TV 보면서 초콜릿 한 봉지 다 먹었어." 라고 말하는 사람들을 종종 만난다. 하지만 몸이 어느 정도 음식을 필요로 하는지, 수면을 필요로 하는지, 몸이 어디가 아픈지를 안다는 것은 인생을 살아가는 데 정말 중요하다. 때문에 아이가 모유를 먹을 때도 그랬고 이유식을 할 때도, 이유식을 끝내고 보통 음식을 먹을 때도 늘 아이가 먹고 싶은 만큼만 먹도록 격려했다. 먹기 싫다면 중지했고 더 먹고 싶다면 더 음식을 가져다주었다. 잠도 억지로 재우지 않았다. 내가 편리한 시간에 자면 나야 좋지만 오지 않는 잠을 억지로 자려면 아이도 힘들지 않을까 싶어서였다. 그래서일까. 어릴 때부터 훈련 아닌 훈련을 받은 덕에 5살인 아이는 지금도 배고픔의 표현이 확실하다.

펜실베이니아주립대 버치 교수의 연구도 이를 뒷받침해준다.

버치 교수에 의하면 식사 때마다 아이들에게 싹싹 다 먹으라고 하면 아이들이 자기가 얼마나 배고픈 지에는 신경을 쓰지 않고 점점 그릇에 음식이 담겨 있는 만큼 먹어야 한다고 생각한다고 한다.

절대로 먹지 말아야 하는 음식 리스트가 긴 사람들도 만나게 된다. "육식은 절대 안 먹는다."는 사람들도 있고, "기름 기름" 하면서 기름기가 조금만 있으면 기겁하는 사람도 있다. 하지만 '먹어서는 안 되는 음식' 리스트가 길면 길수록 리스트를 지키기는 더욱 힘들어진다. 특히 아이들에게 이런 리스트를 강요하는 것은 어찌 보면 어리석은 일이다. 아이들이 자라면서 밖에서 지내는 시간이 많아질수록 부모가 간섭하고 통제하기가 힘들기 때문이다. 사실은 통제하고 간섭할 수 있다고 해서 하는 것도 그리 좋은 일은 아니다. 어른 눈에는 유치해 보일 수 있어도 아이들에게는 서로 주고받는 대화나 같이 간식을 나눠먹는 것이 나름대로의 사회생활이기 때문이다.

또 "먹으면 안 돼."라고 자꾸 강조하다 보면 오히려 그 음식이 더 먹고 싶어질 수 있기 때문에 이런 강요는 옳지 않다. 그렇다고 아이들이 마음대로 먹도록 방임해서는 안된다. 대신 아이들이 자라면서 왜 거친 음식을 먹어야 하는지 이해시키고 집에서 음식 맛을 길들이는 것이 좋다.

아이를 생각한다면 밥부터 바꿔라

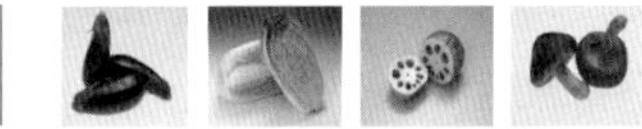

밥보다 더 중요한 음식은 없다. 밥은 우리조상들이 수천 년 동안 먹어왔을 뿐만 아니라 하루에 세끼씩 꼭 먹어야 하는 음식이기 때문이다. 밥을 짓는데 필요한 쌀은 우리 몸에서 필요로 하는 에너지를 가장 많이 공급하고 있는 식품이다. 신체의 성장과 발달에 필요한 단백질을 고기나 우유로부터 섭취할 수도 있지만, 밥으로부터 섭취하는 단백질의 양이 훨씬 더 많다. 곡물은 비타민을 공급할 수 있는 가장 중요한 식품 중의 하나이며 우리 몸의 적혈구에 있는 헤모글로빈의 중요한 구성 성분인 철분도 상당 부분 곡물로부터 공급받고 있다.

하지만 '밥만 먹어도 살이 찐다.'는 말이 있다. 흰쌀로 지은 밥에 들어 있는 전분은 쉽게 소화되고 포도당으로 전환되어 단순당을 섭취하는 것이나 큰 차이 없이 혈당이 빨리 올라가기 때문이다. 물론 밥을 조금 먹고 다른 반찬을 많이 먹으면 밥으로부터 섭취하는 칼로리 양은

적을 수도 있지만, 아무튼 하루 세 끼 흰 쌀밥을 먹다 보면 살이 찔 수도 있다. 그러나 흰쌀에 현미나 잡곡을 섞어 먹으면 쉽게 배가 불러 먹는 밥의 양을 줄일 수 있다.

현미는 벼를 찧어 왕겨만을 벗겨 낸 것이다. 현미를 더 도정하여 씨눈과 껍질을 벗겨내면 백미가 된다. 쌀겨 층에는 식이섬유가 많지만 도정하게 되면 식이섬유가 제거된다. 현미밥은 씹는데 시간이 오래 걸리고, 소화도 느려 배고픔을 적게 느끼게 하는 거친 음식이다.

씨눈에는 비타민B와 비타민E 뿐만 아니라 각종 무기질이 풍부하다. 그러나 도정하여 백미로 만들면 이러한 영양소가 거의 모두 제거된다. 때문에 현미는 싹이 트지만 백미는 싹이 나지 않는다. 현미를 하룻밤 물에 불려 이틀 정도 싹을 틔우면 발아현미가 된다. 발아되는 동안에 효소가 생겨나고 여러 가지 생리활성 물질이 생겨난다. 따라서 발아현미는 조직이 부드럽고 소화가 잘 된다.

현미에는 비타민B_1이 풍부하다. 비타민B_1이 부족하면 피로감, 권태감, 식욕부진과 같은 가벼운 증상에서 점차 소화불량, 불면증으로 발전한다. 그리고 더 심해지면 다리가 무겁고, 기운이 없으며, 다리 근육에 경련이 일어나기도 한다. 또 때로는 흥분·공포·건망증 같은 증세를 보이기도 하며 심하면 각기병이 생길 수도 있다.

현미의 씨눈에는 비타민E가 많이 들어 있다. 비타민E는 토코페롤이라고도 불린다. 토코페롤은 산화를 방지하는 능력이 뛰어나 체내에서 생성된 활성산소를 제거하거나 암을 예방하는데 효과적이며, 지방의 산화를 방해하여 혈액 속의 콜레스테롤 함량을 낮춰주고, 심장질환의 예방에 효과적이다. 비타민E는 피부의 노화방지에 좋아 미용에도 효과가 있다.

현미에는 철분·셀레늄·아연 등 무기질이 들어 있다. 철분은 헤모글로빈을 형성하는데 필요한 무기질로 산소를 운반하는 역할을 하며 부족하면 빈혈에 걸린다. 아연은 부족하면 식욕부진이나 발육이 저해되고, 셀레늄은 세포를 손상시키는 활성산소를 제거하는 역할을 하여 암 예방효과가 있다.

잡곡으로 피토케미칼을 보충하라

먹을거리가 풍족한 시대에 살고 있는 현대인들은 원하기만 하면 언제든지 원하는 음식을 먹을 수 있다. 하지만 뜻하지 않게 성인병으로 고생하고 있다. 도정한 흰쌀과 흰 밀가루에 의존하다 보니 칼로리는 많이 섭취하는데, 정작 우리 몸에서 질병과 싸워 이겨내는데 필요한 피토케미칼이 부족하여 면역력이 떨어지고 당뇨·고혈압·심장병·암 등에 걸려 고생하고 있는 것이다. 나는 이를 '배부른 영양실조'라고 부른다. 이는 어른들에게만 해당되는 것이 아니라 아이들에게도 해당되어 어른들에게서나 나타나던 비만·당뇨·암 등의 성인병들이 나타나고 있다.

질병과 싸우는데 필요한 피토케미칼을 보충하는 가장 좋은 방법은 매일 세끼 먹는 밥부터 현미나 잡곡으로 바꾸는 것이다. 보리·콩·수

수·조·팥 등 잡곡은 비타민 B1이나 비타민E 등의 비타민과 각종 무기질과 비타민이 풍부하다. 또한 현미와 보리·조·수수·팥 등 잡곡에는 식이섬유·피트산·아라비노자일란·폴리페놀·사포닌·안토시아닌 등 여러 가지 피토케미칼이 들어 있다.

피토케미칼은 비만은 물론 심장질환과 당뇨, 각종 암을 예방해준다. 그러나 이러한 영양분들은 곡물의 겨 층에 주로 많이 들어 있어 도정이나 제분과정에서 많이 제거되어 백미나 밀가루에는 거의 들어 있지 않다.

보리밥이나 현미밥 또는 잡곡밥에 시래기국이나 미역국과 김치를 함께 먹으면, 탄수화물로부터 에너지도 얻을 수 있고, 식이섬유를 많이 섭취하여 변비도 예방하고, 각종 피토케미칼을 섭취하여 성인병 예방에도 효과가 있다. 하지만 도정하지 않은 곡물은 냄새와 꺼끌꺼끌한 맛 때문에 어른들이나 아이들이나 기피하는 사람들이 많다. 특히 달콤한 가공식품이나 패스트푸드에 익숙해져 있는 아이들에겐 더욱 그렇다.

200여 년 전에 박지원이 쓴 〈민옹전〉에는 '민옹이 장수하기 위해 밥은 먹지 않고 복령이나 인삼, 구기자 등 보약만 먹다가 기진맥진해지자 이웃집 노인이 와서 보고는 당신의 병은 오곡이 아니고서는 고칠 수 없다.'는 대목이 나온다. 이 대목에서도 '밥이 보약이다.'라는 옛말이 적용되고 있다. 그러나 보약이 된다는 밥은 현미밥이나 잡곡밥을 말한다. 흰쌀밥은 더 이상 보약이 아니다.

거친 음식으로 면역력을 키워야 한다

부드러운 입맛에 길들여진 우리 아이들의 입맛을 하루아침에 바꾸기란 쉽지 않다. 특히 요즘 아이들은 현미·잡곡·보리밥·콩 등을 싫어한다. 어떤 아이들은 야채도 싫어하고, 김치나 산나물도 싫어한다. 하지만 건강하게 살기 위해서는 매일 세끼 먹는 밥부터 잡곡밥으로 바꾸어야 한다.

잡곡밥의 비율은 정해져 있지 않지만 쌀이 주식이기 때문에 나는 백미에 찹쌀·현미·발아현미·찹쌀현미 등을 혼합하여 40%, 보리를 20%, 검은콩·흰콩·강낭콩 등 콩류 20%, 팥 10%, 수수·조·율무 등 다른 잡곡을 10% 섞어 먹는다. 안토시아닌 색소가 많이 들어 있는 흑미를 조금 섞어도 좋다.

하지만 처음부터 너무 많은 잡곡을 섞어 먹으면 쉽게 실증을 느낄 수 있다. 더욱이 흰쌀밥에 길들여진 아이들은 잡곡이 입맛에 맞지 않아 쉽게 실증을 느끼고 흰쌀밥을 찾게 된다. 특히 소화력이 약하고 잡곡의 냄새마저도 싫어하는 아이들에게 처음부터 여러 종류의 잡곡을 모두 섞어 먹이는 것은 무리다. 따라서 처음에는 평소에 먹던 흰쌀에 한두 가지 잡곡만 조금 섞어 밥을 하는 것이 바람직하다.

천천히 꼭꼭 씹어 먹는 습관을 길러준다

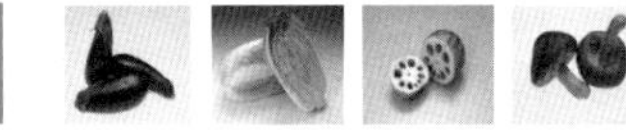

요즘에는 누구나 정신없이 바쁘게 살다 보니 온 가족이 함께 모여 즐거운 마음으로 대화를 나누면서 천천히 식사할 기회가 많지 않다. 하지만 식사를 할 때만이라도 여유를 갖고 천천히 먹어야 한다. 그러다 보면 다른 일상생활 속에서도 여유 있는 삶을 회복하여 우리 삶의 질이 높아질 것이다.

외국여행을 하다 보면 우리가 한국 사람인 것을 아는 외국인들이 우리를 쳐다보며 '빨리빨리'라고 외치며 우리를 쳐다보는 경우가 있다. 외국인들이 가장 먼저 배우는 우리 말 중의 하나가 바로 '빨리빨리'라고 한다. 식사 때도 예외는 아니다. 별 대화 없이 빨리 먹는 것이 당연시 여겨지고 있다. 예전에 먹을 것이 없고, 배가 고픈 것도 빨리 먹는 습관이 생긴 이유 중 하나이다. 식구는 많고, 먹을 것이 없던 시절에는 하루에 두 끼를 먹기도 힘들었다. 배가 고파서 밥 먹는 시간도

짧았다. 며칠 굶은 사람이 밥 먹는 모습을 보고 '마파람에 게 눈 감추듯 한다.'는 속담이 생겨나기도 했다. 그 당시에는 배가 고파 허겁지겁 먹어도 살이 찔 겨를이 없었다. 하도 먹을 것이 없었고, 먹은 후에는 많이 움직였기 때문이다. 그러나 요즘에는 상황이 많이 달라졌다. 물질적으로 풍요로워져 이제는 빨리 먹을 필요가 없다.

아이들에게도 어렸을 때부터 여유를 갖고 밥을 천천히 먹는 습관을 길러주어야 한다. 하지만 요즘 음식들은 부드러워 천천히 씹어 먹으려고 해도 씹어 먹을 것이 없다. 입에 넣고 별로 씹지 않아도 그냥 넘어가는 음식들이 대부분이다. 아이들에게 현미·보리·잡곡 등 거친 음식으로 지은 밥을 먹게 해야만 식사시간을 늘릴 수 있다. 식사를 빨리하다 보면 자연히 살도 찌기 마련이다. 음식물을 먹은 후 그 포만감을 뇌에서 알아차리는 데는 시간이 걸리는데, 너무 빨리 먹게 되면 배가 부르다는 사실을 뇌에서 느끼기도 전에 계속 먹게 되어 결국 살이 찌게 되는 것이다. 식사할 때 음식물을 천천히 꼭꼭 씹어먹음으로 인해 우리의 뇌가 자극을 받을 수 있고, 뇌에서 흐르는 혈액량이 증가하여 집중력과 기억력도 좋아진다. 천천히 먹으면 많이 먹지 않더라도 배부름을 느껴 식욕을 억제할 수 있지만, 빨리 먹다 보면 식욕을 억제하기 힘들어 더 많이 먹게 된다.

나는 얼마 전 KBS TV '생로병사의 비밀'에 출연해 현미·잡곡밥·채소류 등 섬유질이 풍부한 거친 음식을 꼭꼭 씹어 먹어야 건강을 지킬 수 있다고 주장한 바 있다. 음식물을 입에 넣고 30번 이상 씹어 먹고, 식사는 최소 30분 이상 해야 한다. 효과적으로 음식을 천천히 먹기 위해서는 적은 양의 음식을 입에 넣은 후 30회 이상 씹어서 넘기는 것이 좋다. 먹은 것을 다 삼키기 전에는 음식을 뜨지 않도록 노력해야 하며, 의도적으로 천천히 씹어 먹는 습관을 길러야 한다. 물론 그렇게 하기 위해서는 인내와 노력이 필요하지만 음식을 한 숟가락 먹은 후에는 숟가락을 놓고 다 씹어 먹은 후에 다시 숟가락을 들도록 해야 한다.

아이들은 거친 음식을 오랫동안 씹어 먹어야 턱이 잘 발달한다. 턱이 작으면 치아가 제대로 자리를 잡지 못해 덧니가 나거나 치열이 고르지 못하게 된다.

일본 교토대 바이오사이언스연구소장인 니시오카 하지메 교수에 의하며, 씹는 습관이 줄어들어 턱의 골격이 퇴화되고 얼굴형태가 변하고 있다고 한다. 식사를 할 때에는 여유를 갖고 편안한 마음으로 열심히 씹어 먹어야 한다.

식사를 천천히 해야 아이들과 대화를 나눌 수 있다. 우리 전통적인 식사법은 조용히 먹는 것이었다. 그러나 식사시간에는 수다쟁이가 되어 대화를 나누고, 즐겁게 해야 한다. 식사시간을 이용하여 공통적인 관심사에 대하여 대화하는 습관을 길러야 한다.

세계 최고의 갑부인 빌 게이츠는 자기의 성공 요인 중 하나는 식사시간에 부모님과 많은 대화를 나눈 것이라고 하여 화제가 된 적이 있다. 대화를 많이 해야만 위에 부담을 줄일 수 있을 뿐만 아니라 적은 양으로도 공복감을 줄일 수 있다. 거친 음식을 천천히 씹어 먹으며 대화를 즐긴다면 자연히 적게 먹게 되어 다이어트에도 도움이 된다.

천천히 조금씩 거친 음식으로 바꾼다

'작심삼일'이라는 말이 있다. 단단히 결심한 마음이 사흘을 넘기지 못한다는 뜻이다. 요즘에는 텔레비전만 틀면 웰빙 음식에 대한 정보가 쉬지 않고 흘러나온다. 그러한 정보를 접할 때 당장 식습관을 고쳐야겠다고 마음먹는 사람들이 많다. 그러나 시간이 지나면 대부분 다시 예전의 식생활로 돌아가기 십상이다. 마음먹기는 쉬워도 하루아침에 우리 식생활을 바꾸기는 그리 쉽지 않다.

우리가 매일 먹는 흰쌀밥을 잡곡밥으로 바꾸고, 나머지 반찬도 거칠게 자란 채소, 풀 속에서 자란 야생식물이나 산나물, 지역에서 생산되는 토종 식품과 전통 식품으로 우리의 식탁을 채우는 것은 쉬운 일이 아니다. 식생활을 개선하는 데는 냄비근성이 아니라 은근하게 서서히 익히는 뚝배기 근성이 필요하다. 조금씩 천천히 바꾸며 실천하는 것이 중요한 것이다.

내가 어렸을 때 어머니는 내게 매일 잡곡밥을 먹였다. 당시 어머니가 웰빙식으로 잡곡밥을 먹인 것이 아니라 흰쌀이 부족했기 때문이다. 아무것도 몰랐던 나는 잡곡밥이 싫어서 어머니에게 흰쌀밥을 달라고 졸라되던 기억이 아직까지 생생하다. 흰쌀밥에 익숙해져 있는 아이에게 갑자기 매일 세끼 꽁보리밥을 먹이거나, 현미밥을 먹게 되면 금방 실증을 느껴 흰쌀밥을 달라고 하는 것은 당연하다. 그러니 아이에게 너무 무리하게 강요하지 말아야 한다. 너무 어린 아이에게 갑자기 현미밥이나 잡곡밥을 먹이면 때로는 소화 장애를 일으킬 수도 있다. 바꾸더라도 서서히 바꾸고, 아이가 싫증을 느끼면 중단했다가 다시 시도하는 것이 바람직하다.

우리가 먹는 음식을 거친 음식으로 바꾸자는 것은 우리의 음식문화를 개선하여 삶의 질을 개선하자는 의미도 있다. 즉 식사를 할 때 거친 음식으로 여유를 갖고 음식의 맛을 음미하면서 즐겁게 먹음으로 인해 여유 있는 삶을 되찾자는 것이다.

거친 음식으로 천천히 바꾸기 노하우

갑자기 거친 곡물로 바꾸면 거부감이 생길 수 있다. 따라서 거친 음식을 먹는 습관으로 서서히 바꾸는 여유가 필요하다. 그러므로 처음에는 흰밀가루 $\frac{3}{4}$, 거친 곡물 $\frac{1}{4}$로 시작해서 익숙해지면 흰밀가루 반 거친 곡물 반으로 바꾼다. 그 후 흰밀가루 $\frac{1}{4}$ 거친 곡물 $\frac{3}{4}$로 바꾼다.

머핀은 통밀 100%로 만들어도 맛이 좋지만 간혹 100% 통밀만 사용해서는 맛이 제대로 나지 않는 음식이 있다. 칼국수가 그 예이다. 칼국수 같은 음식은 흰밀가루 반에 통밀가루 반을 섞어 만드는 것이 좋다. 현미나 통밀같은 거친 곡물은 지방질이 많은 씨눈이 남아 있기 때문에 변하기 쉬우므로 냉장고에 보관한다.

만약 아이들이 콩을 싫어한다면 삶은 콩을 갈아서 아이들이 좋아하는 국이나 찌게, 수프에 섞는 것도 좋은 방법이다. 삶은 콩을 갈아서 국에 넣으면 국물이 더 진해지기 때문에 더 맛있다. 이때 유의할 점은 콩의 색깔을 국의 색깔에 맞춰야 한다는 것이다.

 ## 준휘맘표 레시피 – 흰콩소스(빈딥)

재료

흰콩 1컵, 마늘 2쪽, 레몬즙 2큰술, 올리브 오일 1큰술, 소금 $\frac{1}{4}$작은술

만들기

❶ 콩을 6~24시간 동안 물에 불린다. 불린 후 물을 버린다.

❷ 냄비에 불린 콩과 마늘을 넣고 넉넉히 잠길 만큼 물을 붓고 끓어오르면 약한 불로 줄인다. 떠오르는 거품은 건져내면서 콩이 익을 때까지 1시간쯤 끓인다.

❸ 콩물은 1컵 정도 건져내고 나머지 물은 버린다.

❹ 콩 · 마늘 · 레몬즙 · 올리브오일, · 소금을 푸드 프로세서에 넣고 부드러워질 때까지 간다. 만약 너무 걸쭉하다면 찍어먹기 쉽게 묽어질 때까지 콩물을 조금씩 부어가면서 푸드 프로세서로 간다.

단백질이 풍부한 흰콩

흰콩에는 단백질이 40%나 들어 있어 밭에서 나는 쇠고기라고 불린다. 콩은 성장하는 아이들에게 중요한 단백질 공급원이며, 기운이 없는 아이들의 원기를 회복시켜준다.

특히 흰콩에는 식이섬유가 많아 장의 운동을 활발하게 하여 배변이 용이하게 해준다. 콩 속에 들어 있는 레시틴은 뇌의 건강과 활력을 유지시켜주는 효과가 있으며, 콩 속에 들어 있는 사포닌은 항암 효과가 있다. 딥은 빵이나 야채를 찍어먹는 간식 음식인데 콩을 갈아서 딥을 만들면 아이들이 쉽게 콩을 먹는다.

아이와 함께 먹을거리를 구입한다

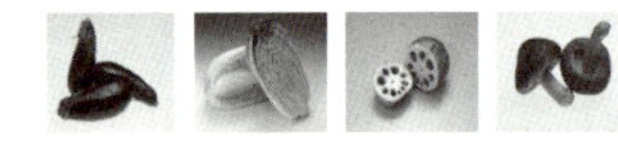

　아이와 함께 식품을 구입하는 것은 아이에게 좋은 교육이 될 수 있다. 아이에게 거친 음식을 먹게 하려면 식재료를 구입할 때도 아이와 함께 슈퍼에 가는 것이 좋다. 아이에게 현미나 잡곡을 먹어야 하는 이유라든지, 여러 가지 채소나 과일의 차이점을 잘 설명해 주고, 아이가 새로운 채소나 과일을 고르도록 유도한다. 아이는 자기 스스로 선택한 음식에 대해 더 호기심을 갖게 된다. 집에 와서는 새로운 재료로 함께 요리를 해 보는 것도 아이의 관심을 끄는 데 좋다.

　물론 쇼핑을 가기 전, 어떤 거친 음식을 살 것인지 미리 목록을 만들어 가야 한다. 일주일 동안 어떤 거친 음식을 식탁에 올릴 것인지 아이와 함께 계획을 세우는 것도 좋은 방법이다. 도정된 곡물보다는 현미나 잡곡을 포함시키고, 여러 가지 채소와 과일을 포함시킨다. 과일주스나 음료에는 향료 · 색소 · 설탕 · 산미료 등 각종 첨가물이 들어 있을 수 있으며, 제조과정에서 섬유소는 제거되어 혈당지수가 높다. 따라서 과일을 생체로 그대로 먹든지, 집에서 과일 주스를 만들어 주는 것이 좋다.

아이의 건강을 생각한다면 알레르기가 없는 한 우유와 계란, 생선은 반드시 포함시키라고 권하고 싶다. 가능하다면 주말에 새벽시장이나 유기농 전문 매장, 또는 일반 슈퍼의 유기농 코너에 가는 것이 좋다. 아이에게 제철 음식을 소개하고 싶다면 아이와 함께 근처의 농장을 방문해서 신선한 과일이나 채소를 구입하는 것도 좋은 방법이다.

식품을 구입할 때는 상표에 표시되어 있는 칼로리·지방·설탕의 함량을 반드시 확인하고 구입한다. 아이와 함께 상표를 살펴보고, 상표를 읽는 방법을 설명해 주고, 아이가 이해할 수 있는 범위 내에서 칼로리·지방·설탕의 함량 등 영양성분이나 유통기한에 대해 설명해 준다. 저지방 우유나 치즈·요구르트를 구입하면 칼로리를 상당량 줄일 수 있다. 그러나 저지방 아이스크림이나 요구르트라 하더라도 지방의 함량을 줄인 대신에 설탕을 첨가하여 칼로리는 마찬가지인 경우가 있으므로 반드시 지방 함량뿐만 아니라 칼로리 함량도 확인하고 구입하는 것이 좋다.

지방의 섭취를 줄이려면 우선 식품을 구입할 때부터 지방이 적게 들어 있는 식품을 선택해야 한다. 지방이 적은 저지방 우유·치즈·요구르트를 구입하고, 고기도 구입할 때 지방이 적은 부위를 골라야 한다. 가공식품은 피하는 것이 좋지만 꼭 구입해야 할 때는 저칼로리 식품을 구입하는 것이 좋다.

식품을 구입할 때 친환경 농산물을 이용함으로써 조금이나마 안전한 식탁에 다가갈 수 있다. 친환경 농산물을 구입할 때는 사과 모양의 '친환경농산물'이라는 인증마크를 확인해야 한다. 이 마크는 토질검사와 수질검사, 농약잔류검사에서 합격한 제품에만 붙일 수 있다. 친환경농산물은 세 가지 종류로 구분할 수 있다.

농약과 화학비료를 전혀 사용하지 않고 재배한 유기농산물과 농약을 전혀 사용하지 않고 화학비료를 1/3 이하로 사용해 재배한 무농약 농산물, 농약과 화학비료를 1/2 이하로 사용해 재배한 저농약 농산물이 바로 그것이다.

집단으로 가축을 사육하다 보면 질병을 예방하고 치료하기 위해서 항생제를 투여하지 않을 수 없다. 항생제를 투여하지 않고 기른 가축의 고기·우유·계란 등을 친환경축산물이라고 한다. 친환경축산물에는 유기축산물·무항생제 축산물 등 두 가지가 있다. 유기 축산물은 충분한 운동 공간 및 방목 초지를 겸비한 환경에서 유기사료로 사육한 가축의 축산물을 말한다. 무항생제 축산물은 항생제·성장 호르몬제 등을 사용하지 않고 사육한 축산물이다.

양식장에서는 좁은 공간에서 수많은 고기를 양식하다 보면 사료에 항생제를 사용하지 않을 수 없다. 하지만 양식을 한 수산물에도 친환경수산물이 있다. 친환경수산물은 인체에 유해한 화학물질을 사용하지 않거나 동물용 의약품 등의 사용을 최소화하여 생산된 수산물로 넙치·무지개송어·굴·홍합·김·미역·톳 등이 팔리고 있다. 양식

수산물을 믿기 어려워 자연산 어류를 먹고 싶다면 정어리·꽁치·오
징어·잡어 등을 선택하면 된다. 이러한 어류는 양식이 되지 않기 때
문이다. 하지만 자연산 어류라 하더라도 해안 가까이에서 잡은 생선은
수은과 같은 중금속이나 농약과 같은 화학물질에 오염됐을 수도 있으
므로 주의해야 한다.

슈퍼마켓의 친환경 농산물 코너

아이에게 자연을 직접 보여주고, 만져보게 하자

막연하게 아이들에게 몸에 좋은 음식을 먹어야 한다고 말로만 해서는 의미가 없다. 어떻게 먹어야 잘 먹는 것인지를 이해하려면 음식이 어떻게 생산이 되고 있는지 가르쳐줘야 한다. 이를 위해서는 직접 경험하는 것이 가장 좋다. 그렇다고 일일 체험 학습현장에 하루 데려가고 그걸로 1년 치 자연교육의 끝이라고 생각해서는 안된다.

가족이 원래 활동적이고 자연 속에서 시간 보내는 것을 좋아한다면 주말마다 등산을 가거나 시외 농가를 방문하면 좋다. 누구에게 자랑하려고 등산하는 것이 아니라 순전히 아이들을 위한 등산이니 복잡하고 화려한 외출일 필요가 없다. 지리산이나 설악산을 등반하는 것도 좋지만 동네 뒷산에 가는 것도 부족함이 없다. 중요한 것은 아이들이 속도를 조절하도록 자유를 주는 것인데, 지나가면서 아이의 호기심 어린 눈에 들어오는 벌레나 꽃을 봤을 때 같이 서서 아이가 관찰할 수 있는 환경을 만들어줘야 하는 것이다. 어떨 때는 나무마다 서서 만져보는 통에 20분 동안 10보 밖에 못 간 적도 있었고, 또 어떨 때는 "와 저것 좀 봐" 하고 뭘 가르쳐도 모른 척하고 쏜살같이 올라갈 때도 있다. 하지만 밖에서 자유롭게 있어본 경험이 적은 아이들은 처음에는 도움이 많이 필요할 수도 있다.

도움을 필요로 하는 아이들을 위해서는 구체적인 프로젝트를 제안할 수 있다. 예를 들어서 "모양이 각각 다른 잎을 5개 찾아라." 혹은 "붉은색 잎을 5개 찾아라."는 식의 프로젝트를 내준 후 잎을 다 찾으면 잎의 역할은 무엇인지, 상록수인지 등에 대해 의논할 수 있다. 이름이 무엇인지 모르는 것들은 사진에 담아 와서 인터넷이나 도서관에서 식별하는 것도 좋다. 눈을 감고 어떤 소리가 들리는지 감상하는 것도 좋다. 자연에서 발견한 것들을 그림으로 그려보거나 글로 써볼 수도 있다. 아니면 카메라로 동영상을 만들 수도 있다. 동영상으로 만들 때 모양, 냄새 그리고 느낌은 어떤지, 역할은 어떤지를 설명하도록 격려한다. 글을 쓰거나 그림을 그리는 것에 비해 동영상을 만드는 것은 게을러서가 아니라 발표력을 기르는 좋은 연습이다.

아이들과 등산할 때에는 굳이 정상까지 올라갈 필요도 없고 느리면 느린 대로 빠르면 빠른 대로 아이들에게 맞춰줄 수 있는 여유가 필요하다.

우리는 보통 한 달에 한 번 꼴로 농가를 방문하는데 요즘은 농가마다 행사를 하는 곳도 많고 어린이 프로그램을 운영하는 곳도 있지만 돈이 드는 특별한 이벤트보다는 그냥 농가를 둘러보면서 어디에서 뭐가 자라고 있는지 또 어떤 동물들이 있는지 그리고 어떤 농기구가 있는지 보는 것을 좋아한다.

그렇다고 늘 시외 밖에서만 자연을 접할 수 있는 것은 아니다. 우리는 베란다에서 야채와 과일을 몇 가지 심어 기르고 있는데, 아무래도 베란다이다 보니 수확량은 그리 많지 않다. 하지만 아이가 흙을 만질 수 있고 모종에서 생기는 벌레를 관찰할 수 있다. 도서관에서 벌레에 관한 책을 빌려서 베란다에 있는 벌레가 어떤 벌레인지 알아내고 이로운 벌레인지 해로운 것인지를 아이와 함께 배울 수 있다.

또 돋보기를 들고 집 주위의 생태계를 관찰하기도 한다. 어린 아이들에게는 나무 한 그루도 관찰의 대상이 된다. 두 그루가 있으면 벌써 숲이다. 우리 아파트 뒤에는 담장 사이에 나무가 서너 그루 심어져 있는 좁은 공간이 있는데 담은 높고 나무와 잡초가 많아서 조금은 어두운 공간이다. 쥬니는 이 공간을 '숲'이라고 부르는데 가끔씩 그 어두운 자신만의 공간에 들어가서 노는 것을 좋아한다. 돋보기로 벌레도 보고 떨어진 잔가지를 주워서 노는 재미가 꽤 괜찮은 모양이다.

　　아이들이 이렇게 자연과 접하고 있을 때는 절대 깔끔을 떨어서는 안된다. 방사선을 쪼이는 것도 아니고 화학약품을 만지는 것도 아니니 흙을 만질 때는 실컷 자유롭게, 더러워질 수 있게 해주는 것이 좋다. 집에 와서 물로 씻으면 다 흘러내려갈 흙이기 때문이다.

　　자연과 함께 호흡을 맞추기 위해서 계절의 바뀜을 집안에서도 느낄 수 있는 것이 좋을 것 같아 시작한 것이 현관 장식이다. 계절이 바뀔 때마다 또 명절마다 새로운 장식을 만들어 붙인다. 우아하고 깔끔하게 할 필요는 없다. 아이를 위한 것이니 아이의 취향에 맞게 요란하면 요란한대로 유치하면 유치한대로 아이가 스스로 할 수 있게 도와주는 것이 좋다.

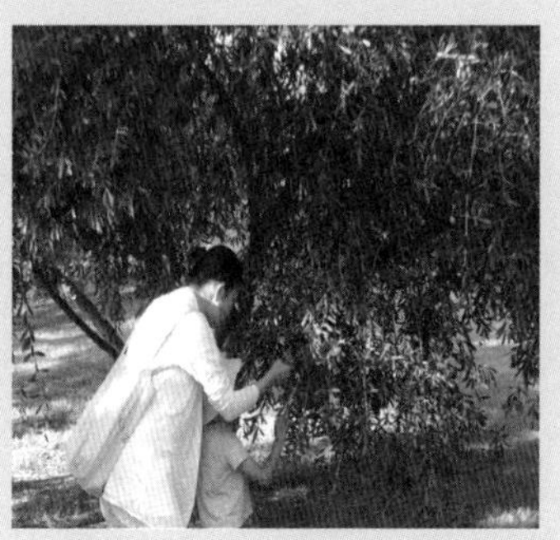

산책 중에 올리브나무 살피기

엄마표 거친 간식으로 긴장을 풀어준다

성장기 아이들은 성장에 필요한 에너지를 공급받기 위해서 간식이 필요한 경우가 많다. 간식은 영양분을 보충해줄 뿐만 아니라 공복감에서 오는 불안감을 없애주고, 피로를 회복시켜주며, 휴식을 취하게 해주는 등 중요한 역할을 할 수 있다. 하지만 잘못된 간식은 아이를 비만에 이르게 하거나 식욕을 감퇴시킬 수도 있다.

아이들이 즐겨 먹는 간식은 대부분 비만을 유발하는 음식이다. 아이에게 간식이 필요하다면, 칼로리가 적으면서 영양소를 골고루 보충해 줄 수 있는 식품을 선택해야 한다. 예를 들면 요구르트·과일·채소·도정하지 않은 곡물로 만든 시리얼 등은 칼로리는 적으면서 우리 몸에 필요한 영양소들을 골고루 공급해주는 유익한 간식이다. 그러나 보통 아이들이 즐겨먹는 간식은 아이스크림·과자·사탕·스낵·감자칩·빵·피자·초콜릿·청량음료 등 달콤한 음식들이 대부분이다. 이런 간식은 지방·설탕·소금 등이 많이 들어있고, 칼로리가 많으며, 아이들이 필요로 하는 영양소가 적으므로 키가 크는데 방해가 되고 비만에 이르게 한다. 그럴 바에는 아예 간식을 주지 않는 것이 좋다. 무계획적인 간식은 식욕을 감퇴시키고, 식사시간을 불규칙하게 만들며, 편식을 조장할 수 있다. 또한 식사시간에 가까워서 간식을 주면 식욕을 떨어뜨리기 때문에 피해야 한다. 오후 3~4시경에 간식을 제공하면 피로 회복에 큰 도움이 된다.

한편 저녁 늦게까지 아이가 공부를 하다 보면 간식이 필요한 경우가 있다. 그러나 저녁에는 낮보다 활동량이 적어 저녁에 먹는 간식은 비만의 원인이 될 뿐만 아니라 장기에도 부담이 될 수 있다. 따라서 저녁에 간식을 먹는 것은 피하는 것이 좋다. 그러나 아이가 원하는데 무작정 못 먹게 할 수는 없다. 저녁 취침 2~3시간 전에 오이나 당근과 같은 야채나 우유 한 컵 등 간단한 간식을 먹는 것은 하루의 긴장을 풀어주는 유익한 간식이라고 할 수 있다.

아이들은 눈에 보이면 먹게 마련이다. 따라서 아이스크림·케이크·과자·사탕·초콜릿·청량음료 등은 아예 구입하지 않는 것이 좋다. 사과·딸기·감·토마토·당근·견과류·요구르트 등 영양소가 골고루 들어있는 식품을 간식용으로 구입해야 한다. 그리고 아이에게 먹일 간식은 엄마가 직접 만들어 먹이는 것이 좋다. 아이들의 면역력을 키워주는 토마토나 당근으로 만든 주스는 좋은 간식이 될 수 있다. 엄마가 직접 만들어 사랑과 정성이 담긴 엄마표 거친 음식의 간식이야말로 아이의 건강을 지키는 최고의 간식이다.

 **쥬니맘표 레시피 – 으깬 감자**

재료

감자 6개, 올리브유나 버터 3큰술, 소금 1/4 작은술, 데운 우유 3/4컵

만들기

❶ 감자를 껍질째 익을 때까지 약 20분간 증기에 찐다.

❷ 익은 감자의 껍질을 벗겨서 물기가 없는 냄비에 넣고 으깨면서 뜨거운 우유와 올리브유나 버터 · 소금 · 후추를 섞어준다(우유를 데우지 않은 채 찬 우유를 넣으면 전분이 활성화되어 감자가 뽀송뽀송해지기보다는 풀같이 끈적끈적해질 수 있기 때문이다).

비타민C가 풍부한 감자

감자가 간식으로 좋은 이유는 비타민B₁ · B₃ · C가 풍부하기 때문이다. 감자의 비타민C는 채소류에 존재하는 비타민C와는 달리 삶거나 요리한 후에도 적지 않게 남아 있다. 찐감자나 구운 감자에는 지방이 거의 없지만 튀긴 감자에는 많은 양의 지방이 들어 있다. 그러나 기름에 튀길 경우 대부분의 비타민C가 파괴된다. 감자 한 개 속에는 $0.8mg$의 철분이 함유되어 있는데 이는 계란 하나에 들어있는 양에 해당한다.

으깬 감자

고구마 마늘튀김

 ## 쥬니맘표 레시피 - 오븐에 구운 고구마튀김

재료

고구마 3개, 올리브 오일 2큰술

만들기

❶ 오븐을 190°C로 예열한다.

❷ 고구마 껍질을 벗긴 후 길게 8등분으로 자른다.

❸ 큰 그릇에 고구마와 올리브 오일을 넣고 골고루 섞은 후에 넓은 베이킹 시
트에 고구마를 깐다. 고구마가 겹치면 구워지는 대신에 쪄지므로 겹치지
않게 깐다.

❹ 15분 동안 굽다가 한 번 뒤집는다.

❺ 15분 동안 더 굽는다.

고구마에는 비타민A와 C가 많이 들어 있고 섬유질도 많아 변비 해소에 효과적이며 대장암까지 예방해준다. 고구마를 먹으면 장의 활동이 원활하게 되어 피부도 좋아진다. 고구마는 우유와 함께 먹으면 좋다. 우유 속의 칼슘과 고구마의 비타민A와 C가 궁합이 잘 맞기 때문이다.

# 쥬니맘표 레시피 – 고구마 마늘튀김

재료

고구마튀김, 올리브 오일 2큰술, 다진 마늘 4쪽

만들기

❶ 중불에 작은 팬을 달군다.

❷ 올리브 오일을 두르고 다진 마늘을 1분간 볶는다. 마늘이 타면 쓴 맛이 나므로 타지 않도록 조심한다.

❸ 큰 그릇에 오븐에서 꺼낸 고구마튀김과 올리브 오일에 볶은 마늘을 함께 골고루 섞는다.

 ## 쥬니맘표 레시피 – 메밀가루 팬케이크

재료

메밀가루 · 통밀가루 1/2컵씩, 소금 1/4작은술, 베이킹파우더 2작은술, 달걀 1개, 포도씨유 2큰술, 우유 1컵, 잼(또는 매이플시럽) 적당량, 버터 약간

만들기

❶ 메밀 · 통밀가루 · 소금 · 베이킹파우더 등을 체에 내린 뒤 골고루 섞는다.

❷ 다른 볼에 달걀과 포도씨유, 우유를 넣고 저은 뒤 ❶을 넣고 살살 섞어준다.

❸ 프라이팬에 버터를 살짝 바른 뒤 반죽을 1/4컵만큼 덜어 동그랗게 두른다.

❹ 황갈색이 되면 뒤집고, 다른 한쪽도 황갈색이 되면 꺼내 접시에 담는다.

❺ 잼이나 팬케익 시럽을 뿌려 먹는다.

몸을 가볍게 만드는 메밀

메밀은 섬유질이 풍부해 장내의 해로운 물질을 배출시켜 변비를 없애주고, 설사를 멎게 하는 효능이 있다. 또한 쌀이나 밀 등의 곡물에 비해 단백질과 라이신, 트립토판 등의 필수 아미노산, 비타민B1, 칼슘과 인 등의 무기질도 풍부하다. 특히 비타민B1은 부기를 없앤다. 또한 모세혈관을 튼튼하고 유연하게 만들어 혈관의 저항성을 강화시키는 루틴(rutin)도 함유하고 있다.

메밀가루 팬케이크

시금치 팬케이크

 ## 쥬니맘표 레시피 – 시금치 팬케이크

재료

시금치 50g, 메밀가루 · 통밀가루 1/2컵씩, 포도씨유 2큰술, 베이킹파우더 2작은술, 소금 1/4작은술, 달걀 1개, 우유 1컵

만들기

❶ 시금치를 잘 다듬어 물에 씻은 뒤 우유와 함께 믹서에 넣고 곱게 간다.

❷ 메밀가루 · 통밀가루 · 소금 · 베이킹파우더를 체에 곱게 친 뒤 한데 섞는다.

❸ 커다란 볼에 달걀을 깨뜨려 넣고 포도씨유를 넣어 잘 섞는다.

❹ ❸에 ❶과 ❷를 넣고 골고루 섞어 반죽을 만든다.

❺ 팬에 포도씨유를 두르고 반죽을 한 숟가락씩 떠 동그랗게 만든 뒤 앞뒤 모두 황갈색이 될 때까지 익힌다.

❻ 접시에 담고 얇게 썬 딸기를 위에 얹는다.

철분이 풍부한 시금치

비타민C · 엽산 · 철분 등이 들어 있어 안색이 나쁘고, 피부에 윤택이 없으며, 나른하고, 가슴이 두근거리거나, 항상 불안해하는 사람, 발육기 어린이, 임신부에게 꼭 필요한 영양소를 공급해 준다. 그냥 먹기가 부담스럽다면 팬케이크를 만들어 먹어도 좋다. 여기에 딸기를 얇게 썰어 얹어 먹으면 맛도 더 좋을 뿐 아니라 딸기의 비타민C가 시금치의 철분 흡수를 도와준다.

 **쥬니맘표 레시피 – 호박빵**

재료

다목적용 밀가루 3컵, 베이킹소다 1/2작은술, 베이킹파우더 1/2작은술, 계피가루 3작은술, 바닐라향(분말 혹은 액체) 1작은술, 소금 1작은술, 계란 3개, 설탕 1/3컵, 식용유 1컵, 호두 1/2컵, 건포도 1/2컵, 호박(채친 것) 2컵

만들기

❶ 밀가루 · 베이킹소다 · 베이킹파우더 · 계피가루 · 바닐라향 · 소금 등 마른 가루를 체에 쳐서 따로 놓는다.

❷ 계란을 거품기로 잘 저어 거품을 낸 후 설탕을 조금씩 넣으면서 잘 섞어준

후 식용유를 조금씩 넣어가며 크림색깔이 될 때까지 잘 휘핑해준다(액체 바닐라향을 사용할 때는 이때 섞어준다).

❸ ❷번에 ❶을 살살 뿌려가며 골고루 섞어준다.

❹ 호박 채친 것과 호두, 건포도를 ❸에 넣어 섞어준다.

❺ 빵 틀에 기름을 바른 뒤 반죽을 잘 붓고 180℃의 오븐에서 45~60분 정도 굽거나 머핀 틀에서는 15~25분 정도 굽는다.

❻ 이쑤시개로 찔러서 이쑤시개가 깨끗이 나오면 오븐에서 꺼내 5분간 식힌다.

❼ 머핀 틀에서 꺼내서 식힌다.

🧑 신장의 기능을 돕는 호박

호박은 베타카로틴인 비타민A · C를 많이 함유하고 있어 암 예방 효과가 있으며, 이뇨 및 배설 작용을 활발히 해줘 신장의 기능을 돕는다. 또한 소화흡수가 잘 돼 위장이 약한 사람들에게 좋고, 칼로리가 낮으며 배설을 촉진해 다이어트에도 좋다.

아이와 함께 하는 티(Tea)타임 즐기기

아이가 네 돌이 되자 낮잠을 안자기 시작했다. 그전에는 아이가 낮잠 자는 2시간 동안 차를 마시면서 책도 읽고 일도 했었는데 달콤한 자유시간이 하루아침에 없어진 것이다. 주변에서는 네 돌까지 낮에 2시간씩 잤으면 호강한 줄 알라고 했지만 내 마음은 그렇지 않았다. 처음 2주 동안은 우왕좌왕했는데 어느 날 큰맘 먹고 티파티를 해준다고 하니 아이가 파티 소리만 듣고도 좋은지 껑충껑충 뛰었다.

티 컵으로는 중고가게에서 산 에스프레소 세트를 쓰는데, 내가 티파티를 하는 첫날 받침접시를 강조한 탓인지 아이는 지금까지도 받침접시를 중요시한다. 아이는 파란색 세트를 골랐고 나는 흰색 세트를 골랐다.

우리 집의 찻주전자는 결혼할 때 선물로 받은 좋은 도자기가 하나 있고 아울렛에서 싸게 산 꽃무늬가 잔잔하게 들어간 찻주전자가 있는데, 다행히도 아이는 싼 꽃무늬 찻주전자를 더 좋아한다. 지금까지도 오후 3~4시 사이에 아이와 나는 티타임을 갖는다. 특별히 화려하게 준비하는 날에는 작은 샌드위치나 카나페도 준비하지만 보통은 평범한 아몬드 버터와 잼을 바른 샌드위치를 8등분해서 접시에 담고 과일도 작게 잘라 접시에 담는다. 영국 티 음식의 '3bite rule(세 입 크기)'을 따르는데, '세 입 크기'이란 말 그대로 음식의 크기가 세입 이하여야 한다는 것이다. 큰 샌드위치를 덥석 집어먹는 것은 사교와 교양을 중시한 영국 티 문화에 적합하지 않았던 모양이다. 또 빵 껍질은 늘 잘라내야 한다.

티타임을 가질 때 쓰는 특별한 접시가 있다. 그러나 사실 그다지 특별하지 않은 접시를 우리끼리 특별한 접시라고 정한 것뿐이다. 다만 우리가 정했으므로 매번 티타임 때에 그 접시를 쓴다. 그런 반복을 아이는 즐긴다.

티는 날마다 다르다. 어떤 날은 뜨거운 물에 말려둔 블루베리 가루를 탄 블루베리티를 마실 때도 있고, 복분자를 말려서 가루를 낸 복분자 가루로 만드는 복분자티도 있다. 또 베란다에서 딴 민트로 만든 민트티나 친정엄마가 해마다 강릉집 매실나무에서 따서 만든 매실엑기스로 만든 매실차를 마실 때도 있다.

식탁에 테이블보도 깔고 예쁜 냅킨도 쓰면서 간단하게 차도 구도 갖추고 음식도 차려서 30분가량 티타임을 갖는데, 이때는

아이도 정말 의젓하게 앉아서 나름대로 교양 있는 대화를 나눈
다.

 **복분자티 만들기**

재료

복분자 가루 2티스푼 , 꿀 1티스푼(기호에 따라), 뜨거운 물 1컵

만들기

뜨거운 물에 복분자 가루를 타서 젖는다. 꿀을 넣지 않으면 시큼한 티
가 되는데 너무 시면 꿀을 1 티스푼을 타주는 것도 좋다.

●복분자 가루 만들기

복분자를 부서지지 않도록 살짝 씻어서 건조기 사용법에 따라 말린다.
바싹 마른 후에 분쇄기로 가루를 낸다.

 **민트티 만들기**

민트 잎 6장, 물 1컵, 민트 잎에 뜨거운 물을 붓는다. 5분 정도 우린다.

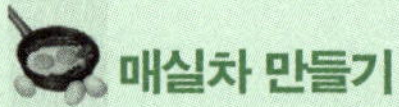 **매실차 만들기**

재료

매실 엑기스 1큰술, 뜨거운 물 1컵

만들기

뜨거운 물에 매실 엑기스를 희석해서 마신다. 피로회복은 물론 속이 거북할 때도 효과가 아주 좋다. 쥬니는 매실차를 아주 좋아한다.

엄마의 사랑과 정성이 깃든 엄마표 음식

준표 엄마는 여느 엄마처럼 항상 바쁘다. 살림도 해야 하고 아이들 사교육에 신경을 써야 하며, 낮에는 여러 종류의 모임에 자주 나가야 하기 때문이다. 그러다 보니 요리할 시간이 없다.

아침에 남편이 출근하고 아이들이 학교에 가면 집안 정리를 하고 밖에 나가기도 바쁘다. 바쁠 때는 식탁 위의 김치를 냉장고에 넣을 시간도 없어 그냥 식탁 위에 두고 나간다. 남편이 퇴근할 시간이 다 되어 돌아와 급하게 저녁밥을 한다. 하루 종일 식탁 위에 놓아 두어 말라비틀어진 김치를 살짝 뒤집어 놓고 방금 냉장고에서 꺼낸 것처럼 만들어 보지만 하루 종일 식탁 위에 있던 김치가 제 맛이 날 리 없다. 급하게 끓인 콩나물국에는 콩 껍질이 국위에 그대로 둥둥 떠 있다. 남편이 늦게 들어오는 날에는 엄마도 자연히 늦게 되어 아이들에게는 인스턴트 식품을 먹이는 날도 적지 않다.

아이들이 건강하게 자라기 위해 아이들이 필요로 하는 음식은 인스턴트 식품이 아닌 엄마의 사랑과 정성이 들어가 있는 엄마표 음식이다. 더구나 아이의 입이 짧아 음식을 가려 먹는다면 엄마는 요리에 더 많은 시간을 투자해 사랑과 정성이 깃든 음식을 만들어 주어야 한다.

아이가 고구마를 싫어한다면 고구마를 갈아서 전을 부쳐 주거나 고구마를 잘라서 고구마 스낵을 만들어준다. 아이가 냄새 때문에 마늘을 잘 먹으려 하지 않는다면 마늘에 감자, 레몬주스 등을 섞어 마늘 소스를 만들어 당근이나 오이, 양배추 등을 찍어 먹게 한다. 피망을 싫어한다면 피망으로 피망스크램블을 만들어준다.

만약 아이가 당근을 싫어한다면 당근을 올리브오일에 살짝 볶아 주든지, 당근을 삶아 으깨어 버터를 섞어 준다. 당근에 들어있는 비타민 A는 지용성이므로 기름에 볶거나 버터에 섞어주면 흡수가 더 잘 된다. 방울토마토도 올리브기름에 볶아주면 아이들이 먹기에 좋다. 밀가루에 양파·당근·피망 등을 썰어 넣고 부침을 해주는 것도 아이들의 입맛을 돋우는데 큰 도움이 된다.

당근이나 호박을 싫어하는 아이들도 있다. 그런 아이들에겐 당근이나 호박을 채쳐서 밀가루와 섞어 빵을 만들어주면 좋다. 우유는 좋아하지만 바나나는 싫어한다면 우유에 바나나를 넣어 밀크쉐이크를 만들어준다.

김치를 싫어하는 아이들에게는 김치두부볶음을 만들어 준다. 배추김치에 두부·느타리버섯·굵은파·고추·쇠고기를 넣고 볶으면 된다. 여러 가지 색의 야채를 섞어 볶음밥을 만들어 줘도 좋다. 아이들과 함께 김치를 섞어서 빵·과자·케이크·피자를 만들어 먹을 수도 있다. 아이들이 피자를 먹을 때에 올리브는 골라내 버리는 경우를 종종 본다. 올리브의 독특한 쓴 맛 때문이다. 그런 경우엔 맛이 부드러운 올리브를 골라서 다진 다음 아이들이 좋아하는 호두 등 견과류를 같이 다져 섞어 주면 아이들도 좋아하게 된다. 아이들에게 억지로 먹도록 강요하기 보다는 시간을 투자하여 사랑과 정성이 깃든 음식을 만들어 아이들이 음식에 친숙해지도록 해주어야 한다.

빵 위에 올려 먹는 다진 올리브

 ## 쥬니맘표 레시피 - 토마토주스

재료

토마토 2개

❶ 토마토를 물에 깨끗이 씻는다.

❷ 적당한 크기로 썰어 블랜더에 넣어 1분 정도 갈아준다.

라이코펜이 풍부한 토마토

토마토에는 베타카로틴 · 비타민A와 C · 비타민E · 셀레늄 · 식이섬유 등이 풍부하다. 비타민A와 C는 피부가 손상되는 것을 보호해주고 콜라겐의 형성을 도와 피부를 탄력 있게 해준다. 또한 라이코펜이라는 생리활성물질이 들어 있어 각종 질병을 예방해주며, 칼륨이 들어있어 염분을 체외로 배출시켜 피를 맑게 해주고 부종을 방지하는 효과가 있다. 식이섬유가 풍부해 포만감을 줄 수 있어 다이어트에도 유용하다.

아이와 함께 요리하기

아이에게 먹는 즐거움을 가르치자

건강을 지키려면 제대로 된 요리를 해서 먹어야 한다. 어찌 보면 자녀들에게 공부를 열심히 시키는 것보다 요리하는 것을 가르치는 것이 더 중요할 수도 있다. 자녀가 부모를 떠나기 전 자녀에게 물려주어야 할 가장 중요한 선물 중의 하나가 바로 요리하는 법을 가르치는 것이다. 자녀가 집을 떠날 때 각 가정의 특별한 레시피가 담긴 요리책을 주면 평생 사용할 수 있는 귀중한 선물이 될 것이다.

어떤 엄마는 자기 아들이 커서 부엌에 들어가 요리하는 것을 원치 않는다고 한다. 그러나 남자가 부엌에 들어가는 것을 터부시하는 시대는 이미 지났다. 요즘엔 요리를 잘하는 남자가 최고의 신랑감으로 인정받는 시대이다. 웬만하면 젊은 부부들은 맞벌이를 하기 때문에 아내가 바쁠 땐 자연스럽게 부엌에 들어가 요리를 할 줄 알아야만 가족뿐만 아니라 자신의 건강도 지킬 수 있다.

세계에서 음식을 가장 즐겨 먹는 사람들 중의 하나가 프랑스 사람들이라고 한다. 인구대비 레스토랑이 가장 많고, 누구나가 먹는 것을 중히 여기고 음식을 즐겨 먹으며, 다른 나라에 비해 인스턴트 식품을 적게 먹고 대부분의 사람들이 자신의 요리솜씨를 발휘하여 요리하기를 즐겨 한다고 한다. 프랑스인들처럼 맛있는 음식을 직접 요리해서 먹는 즐거움은 우리가 인생을 살아가는데 있어 가장 중요한 일이 아닌가 싶다. 중국인들 역시 요리를 하는 데 많은 시간을 보낸다.

하지만 요즘처럼 바쁜 시대에 요리를 하는데 많은 시간을 소비하기란 쉽지 않다. 그러나 주말에는 주부들이 남편이나 아이들과 함께 요리를 해보는 것도 아이들에겐 좋은 교육이 될 수 있다. 계란 프라이나 생선구이, 나물무침 등 간단한 요리부터 시작해보자. 온 가족이 함께 조미료를 사용하지 않고 맛을 내는 방법을 연습한다. 국이나 찌개를 좋아하는 남편들도 국에 소금이 얼마나 들어가는가를 직접 보고 소금을 적게 쓰고 맛을 내는 방법, 기름에 튀기기보다는 삶아서 먹는 방법 등을 직접 체험해야만 건강한 식생활을 유지하는데 도움이 된다.

대학에 들어가기 전에 요리를 가르치자

요즘 대학생들 중 요리를 제대로 할 줄 아는 학생들을 찾아보기 드물다. 대학에 들어오기까지 공부에만 열중하다 보니 요리할 줄 모르는 것은 당연한 일일지도 모른다. 어려서부터 학원 다니기에 바쁘고 숙제하기도 바쁜데 요리를 배운다는 것은 상상조차도 할 수 없는 일이다.

오로지 열심히 공부해서 좋은 학교에 들어가는 것이 최대의 목표다. 나도 학교 다닐 때는 오로지 공부만 했고, 결혼해서도 라면조차도 끓여먹을 줄 몰랐다.

고등학교를 졸업하고 대학에 들어가게 되면 부모 곁을 떠나 기숙사에서 생활하거나 자취를 하는 아이들이 많다. 아이들이 요리를 할 줄 모르니 자연히 패스트푸드나 인스턴트 식품 등 외식에 의존하게 된다. 대학 4년 동안 칼로리가 많은 부드러운 식품에 의존하다 보면 몸무게가 늘어나고 영양상태가 엉망이 되고, 그러다 보면 건강이 나빠져 평생 동안 고생할 수도 있다.

미국에는 프래쉬맨 피프틴(Freshman Fifteen)이라는 말이 있다. 미국에선 대부분의 대학 신입생들이 기숙사에 들어간다. 기숙사에 머물면서 기름진 기숙사 음식을 먹다 보면 1년 동안 평균 15파운드(7kg)가 늘어난다고 하여 생겨난 말이다. 우리 작은 아이도 미국 대학의 기숙사에서 1년간 매일 기름진 음식을 먹다 보니 1학년 한 해 동안 정말로 몸무게가 그만큼 늘어버렸다. 그 후 기숙사에서 나온 뒤 집에서 직접 요리를 해 먹은 후에야 다시 체중이 정상으로 돌아왔다.

우리나라도 예외는 아니다. 부모들이 정성을 다해 만들어 주는 음식을 먹던 아이들이 집을 떠나 대학에 입학하게 되면 기숙사에 들어가거나 자취를 하게 되는 경우가 많다. 기숙사에서 칼로리가 많은 음식을 너무 많이 먹거나 밖에서 외식하다 보면 과식할 기회가 많아진다. 더구나 밤늦게까지 삼겹살에 술을 마시며 야식을 먹다 보면 칼로리의 섭취량은 더욱 많아진다. 대부분의 학생들은 돈이 없다 보니 값이 싸고 칼로리가 높은 음식을 많이 찾게 된다.

고등학교를 졸업할 때까지 공부 때문에 요리를 배울 시간이 없다면 수능이 끝나고 대학에 들어갈 때까지의 여유시간에 요리를 배울 것을 권장한다. 남자건, 여자건 요리를 할 줄 알아야 평생 동안 건강하게 살 수 있다.

거친 음식은 직접 요리해야 제 맛이 난다

거친 음식은 어떻게 요리를 해야 할까? 아무리 좋은 재료가 있다고 하더라도 요리를 잘 해야만 제 맛을 낼 수 있다. 오이 · 양배추 · 셀러리 · 브로콜리 · 상추 등 야채는 날로 먹을 수 있으면 날로 먹는 것이 좋다. 야채를 날로 먹기 어려우면 살짝 데치거나 찜으로 해서 먹는다. 소스에 식용유나 마아가린 · 버터 · 마요네즈 등 지방의 함량이 높은 재료를 사용하는 대신 가능하면 간장 · 레몬 · 식초 등을 사용한다. 소스는 가능하면 적게 사용하는 것이 좋다. 조미료를 사용하지 않고 멸치 · 버섯 · 양파 · 다시마 등을 오랫동안 우려내어 맛을 낸다.

부엌에서부터 기름기를 피하라

고기를 요리할 때에는 기름 부위를 제거하며, 생선도 기름에 튀기기보다는 굽거나 찜을 하는 것이 좋다. 구이를 할 때도 프라이팬보다는 석쇠를 이용하여 기름을 빼고 요리하면 좋다. 아무리 칼로리가 낮은 식품이라 할지라도 기름에 튀기면 칼로리가 높아지므로 튀긴 고기 · 튀긴 생선 · 튀긴 야채 등 튀긴 음식은 되도록 피하는 것이 좋다. 기름을 사용하는 것보다는 물을 넣고 볶거나 조리는 것이 좋다. 부침이나 지짐을 할 때도 프라이팬에 가능한 한 적은 양의 기름을 두르고 요리를 한다. 특히 두부 같은 음식은 기름에 지지면 기름이 잘 흡수되어 기름을 많이 섭취하게 된다. 기름에 튀기기보다는 끓는 물에 익혀서 먹는다. 김을 구울 때도 기름을 많이 발라 굽기보다는 석쇠 위에서 들기름을 살짝 발라 굽거나 그냥 굽는 것이 좋다.

요리를 할 때 칼로리와 지방의 섭취를 줄이기 위해서는 버터·마아가린, 치즈 등을 적게 사용하도록 해야 한다. 요리하는데 식용유를 적게 사용하고 양파·마늘·생강·식초·레몬주스와 같은 양념을 많이 사용하여 요리를 한다면 칼로리의 섭취를 줄일 수 있다. 샐러드를 먹을 때 대부분 시중에서 판매하는 드레싱을 뿌려 먹는다. 되도록 드레싱을 직접 만들어 적게 먹고, 드레싱 대신에 저지방 플레인 요구르트를 뿌려 먹는다. 식빵을 먹을 때에도 마가린이나 버터를 발라먹는 것은 자제한다.

기름을 쓰더라도 가능하면 단일불포화지방산이 많은 올리브유를 쓰는 것이 좋다. 올리브유라 하더라도 기름을 짜는 과정에서 열을 가하여 짜다보면 나쁜 기름으로 바뀔 수 있다. 올리브유 중에서도 신선한 올리브 열매를 상온에서 압착하여 짜낸 것으로 단순불포화지방산이 더욱 더 많은 엑스트라 버진 올리브유가 좋다. 지중해 연안에서는 올리브유를 많이 먹어 건강하다고 하여 지나치게 올리브유를 많이 섭취하는 사람도 있다. 하지만 올리브유도 칼로리를 많이 내는 것은 다른 기름과 마찬가지이므로 기름은 가능하면 적게 쓰는 것이 좋다.

아이와 함께 요리하면 좋은 점

이상하게 생각할지는 모르지만 우리 집에서는 아이가 20개월 때부터 가스레인지 앞에 서서 요리를 돕게 했다. 그렇다고 처음부터 나무주걱 하나 쥐어주곤 "해봐" 한 건 아니다. 워낙에 호기심이 왕성한 아이이기도 하고, 어차피 저녁도 준비를 해야 하니 한 번 시켜본 것인데, 생각보다 쉽게 따라 했다. 그래서 아이가 원할 때마다 저녁식사를 만드는 일을 돕게 했다.

처음에는 튼튼한 의자를 가스레인지 앞에 놓고 한 손으로는 의자 등받이를 쥐고 다른 손으로는 나무주걱으로 음식을 살살 젓게 했다. 물론 스토브가 정말 뜨거운 것이라는 것을 단단히 일러주었다.

아이들은 장남감이나 가짜 기계보다는 진짜 기계를 더 좋아하고 어른들이 하는 대로 따라 하려는 마음을 이용했다. 개인적으로 늘 아이의 호기심을 진지하게 받아들이고 장난감이 아닌 진짜 물건이나 기계를 사용하고 싶어 하면 그 마음을 존중하는 것을 중요하게 생각한다. 하지만 진짜 물건이니만큼 지켜야 하는 룰도 있다. 그러니 매번 새로운 것을 접할 때는 어떻게 물건을 사용하는 것인지, 어떻게 다뤄야 안전하게 다루는 것인지를 먼저 가르쳐줘야 한다.

경험상 대부분의 아이들은 어른들이 쓰는 물건이나 기계를 정말로 써보고 싶은 욕구가 강하기 때문에, 어른이 룰을 설명하고 아이를 믿어주면 정말 신중하게 물건을 사용한다. 물론 나이가 어릴 경우 끝날 때까지 옆에 같이 있으면서 안전을 살펴야 한다.

사실 어린 아이와 함께 요리를 하면 더 힘이 들기는 하다. 음식을 흘릴 때도 있고 아이가 실수를 할 때도 있다. 하지만 아이가 자라면서 점점 쉬워지는 것도 사실이다. 아이가 만3살부터는 야채 칼로 당근이나 감자 껍질을 깎게 했고 그 때마다 아이는 흐뭇한 표정을 짓는다.

이제는 특별한 것을 먹고 싶은 날에는 요리책을 꺼내서 무얼 해 먹을지를 같이 정한다. 그림을 보거나 쉬운 단어들을 읽어가면서 어떤 것이 좋을지를 같이 정하는데 물론 케이크를 굽자고 하는 날이 많다. 그럴 때는 흰밀가루 대신 통밀가루를 곱게 빻은 것을 사용하고 설탕을 레시피에서 쓰라는 것보다 1/3로 줄인다. 또 밀가루만 들어가는 흰케이크나 초콜릿 케이크보다는 고구마

머핀이나 딸기 체리 머핀처럼 과일이나 야채가 들어간 것을 케이크 모양으로 굽는다.

아이들과 요리를 할 때는 융통성이 필요하다. 레시피를 읽고 재료를 원하는 다른 것으로 바꿀 수도 있고 순서를 일부러 틀리게 할 수도 있다. 물론 이렇게 실험적으로 요리를 하면 결과가 나쁘게 나올 수도 있다. 하지만 더 잘 나올 때도 있다. 이런 경험들이 아이의 창의력을 자극하고 나중에 과학실험을 할 때 밑거름이 될 것이다.

아이와 함께 먹을거리를 직접 체험해본다

2009년 4월, '대통령 부인이 농사를 짓는다?'라는 제목의 기사가 로이터 통신을 통해 전 세계로 보도되었다. 미국 오바마 대통령 부인 미셸 오바마 여사가 백악관 내 30여 평의 텃밭에 인근 초등학교 학생들과 함께 양상추·시금치·근대·콩 등 25종의 채소를 심어 앞으로 백악관의 식탁에 오를 예정이라는 기사였다.

바쁜 일정에도 불구하고 어린 학생들과 함께 텃밭을 일구는 사진이 인상적이었다. 그녀는 "이번 행사를 통해 미국인들이 더 많이 과일과 채소를 먹도록 알리는 계기가 되었으면 한다."고 했다. 물론 일회성 행사이긴 하지만 누구보다도 바쁜 대통령 부인이 어린 학생들과 함께 텃밭을 일구고 국민들에게 먹을거리에 대한 메시지를 전한 인상적인 행사로 보였다.

백악관 텃밭에서 아이들과 함께 한 미셸 오바마 여사

옛말에 '구슬이 서 말이라도 꿰어야 보배'라고 했다. 아무리 알고 있어도 실천하지 않으면 아무 소용이 없다. 식생활도 마찬가지이다. 아이들에게 거친 음식을 먹이는 것은 말로만 해서는 아무 소용이 없다. 식생활의 개선에 있어서도 부지런하고 도전정신이 필요하다. 예를 들어 주변에 조그마한 땅이라도 찾을 수 있다면 아이들과 함께 텃밭을 가꾸어보는 것이 좋다. 정원이 없다면 옥상을 이용할 수 있다. 옥상마저 없다면 아파트의 베란다를 이용해도 된다. 베란다마저 없다면 야외로 나가 조그마한 공간을 찾아본다.

대부분의 사람들은 바쁜 세상에 먹을거리를 직접 재배한다는 것은 시간 낭비라고 생각하며, 시간이 없다는 핑계를 댄다. 바빠서 못한다면 내가 미국 대통령 부인보다 더 바쁠까 생각해 보라. 누구나 마음만 먹으면 도시에서도 언제든지 가능한 일이다. 채소를 직접 재배하다 보면 왜 몸에 좋은 음식을 먹어야 하는지 깨닫게 될 것이고, 먹을거리를 바라보는 안목이 바뀔 것이다.

베트남의 '틱낫한' 스님은 세계적으로 유명한 시인이면서 평화 운동가이다. 그는 각별한 현실 속에 살아가고 있는 현대인들의 마음을 달래주는 글을 써서 인기를 끌고 있다. 우리나라에서도 『틱낫한의 평화로움』 등 그의 많은 저서들이 소개되었고, 많은 사람들이 그의 저서에 열광하여 '틱낫한 신드름'이라는 말까지 생겨났다. 그는 어느 누구보다도 바쁜 사람이지만 바쁜 생활 속에서도 채소를 가꾸며 시를 썼다고 한다. 그는 "나는 채소를 기르지 않으면 시를 쓰지 못할 것이다. 채소 기르는 일과 깨달음과는 별개가 아니라 같은 일이다."라고 고백했다. 그의 고백처럼 우리가 일에 쫓겨 일에만 매달려 바쁘게 산다면 우리는 인생을 보는 시야가 좁아져 인생의 진미를 알지 못하고 평생을 살게 될 것이다.

세계적인 장수촌인 남미의 빌카밤바, 그루지야의 카프카스, 중국의 바마 지역 등 세계적인 장수마을을 방문했을 때 그들은 한결같이 텃밭에서 채소를 직접 길러 먹고 있었다. 그들이 밝히는 장수의 비결은 "쉬지 않고 농사일을 하는 것"이며 "만사에 걱정을 적게 하고, 즐겁게 사는 것"이라고 했다.

먹을거리를 직접 가꾸는 일은 부부 사이와 부모 자녀 사이에 대화를 할 수 있는 기회를 마련해준다. 남편은 바깥일을 하고, 아내는 자녀를 교육하고 가사를 돌봐야 한다는 생각은 잘못된 생각이다. 주말이면 남편들도 아이들과 함께 야외로 나가 텃밭을 가꾸며, 대화를 해야 한다. 아이들과 함께 일을 하다 보면 아이들은 자연히 다른 사람들과도 함께 일하는 방법도 배우고, 앞으로 더 큰 새로운 세계에 나아갈 때 좀 더 당당하고 즐겁게 도전하게 될 것이다.

베란다에서 거친 음식 키우기

식물체를 키우는 데는 씨앗, 토양과 기름, 재배방법을 알아야 한다. 아이들과 함께 도서관에 가서 자료를 조사하고 실제로 정원에서 가꾸어본다. 농사일도 전문적인 지식이 요구되기 때문에 처음부터 성공하기는 어렵다. 그러나 때로는 실패를 인정하는 가운데 아이들에게 도전정신을 키워 줄 수 있다. 아이들도 노동의 즐거움, 환경의 중요성, 식물체의 신비함을 깨닫고 즐거워하며, 평생 동안 건강하게 사는 방법을 배우게 될 것이다.

시금치 · 상추 · 쑥갓 · 토마토 · 고추 · 배추 등은 화분이나 나무상자에서 기를 수 있다. 나무상자나 스티로폼 상자는 반드시 바닥에 2~3군데 구멍을 내고 망사로 덮어 배수구를 마련해야 한다. 흙은 종묘상이나 원예자재 취급점에서 파는 채소용 배양토를 사용한다. 집안에서 기를 때에는 햇볕을 충분히 쪼이도록 해야 한다. 그렇지 않으면 몸체는 계속 자라는데 줄기는 가늘고 꽃도 빈약하고 열매가 잘 맺지 않는다. 또한 물을 너무 많이 주어 정체되어 있으면 뿌리가 흡수할 산소가 부족하여 고사하게 되고, 반대로 수분이 부족하여 건조한 상태가 되면 생육이 부진하게 된다. 물주기는 밑바닥으로 물이 나올 듯 말 듯 할 정도로 주어야 한다. 물뿌리개로 너무 세게 뿌리면 토양의 표면이 굳어져 공기와 물의 전달을 나쁘게 한다. 물을 줄 때 구멍이 작은 물뿌리개를 쓰거나 물주전자로 뿌리 부분에 살짝 붓는 것이 좋다.

텃밭이나 베란다에서 아이들과 함께 채소를 재배하다 보면 아이들은 본인들이 키운 채소를 자랑스러워 할 것이다. 시간을 내어 아이들과 함께 요리까지 해본다면 아이들은 요리과정을 즐기며 자기가 요리한 음식을 즐겁게 먹게 될 것이다.

쥬니네 베란다에서 채소 가꾸기

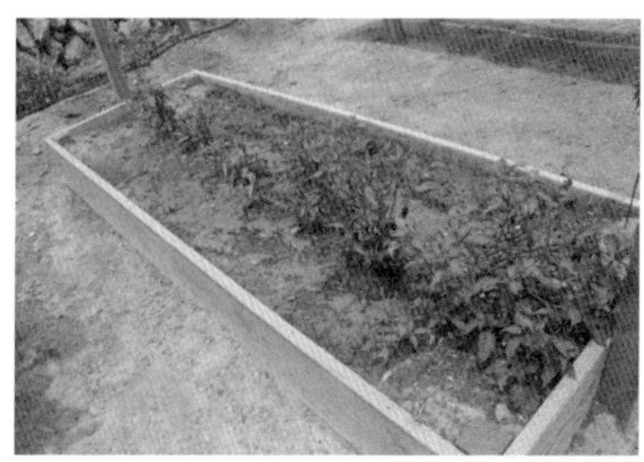

정원에서 채소 가꾸기

아이와 함께 새싹채소 기르기

요즘 새싹채소가 인기를 끌고 있다. 새싹채소란 살아있는 씨앗을 발아시켜 싹을 먹는 채소를 말한다. 씨앗을 물에 불려 물만 주어 기르기 때문에 무공해 채소라고 할 수 있다. 우리 조상들은 오래 전부터 보리를 싹 틔워 엿기름을 만들어 먹었고, 콩을 싹 틔워 콩나물을 만들어 먹었다. 싹을 틔운 식품을 발아식품이라고 한다. 최근에 인기를 끌고 있는 발아현미나 새싹채소도 발아식품의 일종이다. 이러한 발아식품은 씨눈과 껍질이 있어야만 싹이 튼다.

새싹채소는 싹이 트는 과정에서 소화효소도 생기고, 여러 가지 생리활성 물질도 생기기 때문에 발아식품은 살아있는 식품이라고 할 수 있다. 또한 일반 채소보다 무기질과 비타민이 더 많다. 현미와 같은 곡물을 발아시키면 기억력을 증가시키는 것으로 알려진 감마오리자놀과 같은 생리활성 물질이 발아되는 동안에 증가한다.

브로콜리 씨앗을 싹틔우면 암세포의 성장을 억제하는 것으로 알려진 설포라팬의 함량이 30~50배나 증가한다. 메밀에는 루틴이라는 물질이 들어 있어 모세혈관을 튼튼히 하여 비만인 사람이나 심혈관성 환자에게 좋다. 싹이 트는 동안에 루틴의 함량은 30~60배까지 증가한다.

무순은 소화효소가 풍부하여 소화를 돕고 체내의 열을 제거하고, 부기를 가라앉히는 역할을 한다. 알파파 싹에 들어 있는 식이 섬유소는 배변을 좋게 하여 피부 미용에 좋으며, 콜레스테롤 함량을 낮춰주는 역할을 한다.

요즘에는 새싹을 기르는 자동재배기가 판매되고 있기 때문에 집에서도 쉽게 발아현미나 새싹채소를 직접 만들어 먹을 수 있다. 콩나물 콩 · 녹두 · 메밀 · 밀 · 보리 · 수수 · 조 · 무순 · 상추 · 쑥갓 · 수박씨 · 호박씨 · 해바라기씨 · 알파파 등은 인터넷이나 유기농 식품가게에서 구하든지 먹고 남은 씨앗을 이용한다. 단, 밭에 뿌리는 재배용 씨앗은 썩지 않도록 농약 처리를 하는 경우가 있으므로 사용하지 않도록 주의해야 한다.

만드는 방법은 우선 씨앗을 컵에 넣고 물을 부어 6~8시간 또는 하룻밤 물에 불린다. 재배할 때 온도는 15~20℃가 적당하다. 따라서 여름에는 서늘한 곳, 겨울에는 따뜻한 곳이 좋다. 간혹 오래된 것은 싹이 트지 않기 때문에 골라내야 한다. 자동 재배기는 자동으로 5분 정도 물을 뿌려주다가 30분 정도 쉬었다가 자동으로 또 다시 5분 정도 물을 뿌려준다. 자동으로 물을 뿌려주기 때문에 하루에 2~3회 물만 갈아주면 된다. 3~7일 정도 지난 후에 열어보아 나물의 길이가 3~5cm 자랐을 때가 가장 좋다. 떡잎이 벌어지면 먹기에 적당할 때에 씨앗껍질을 손으로 제거한다.

주말농장 및 농작물 가꾸기 프로그램 이용하기

도시 사람들은 텃밭에서 직접 유기농 농산물을 키워 먹기가 쉽지 않다. 하지만 도시에서도 도시근교의 주말농장을 이용할 수 있다. 예를 들어 서울시에서는 경기도 남양주와 양평 등 팔당 상수원 보호구역에 13곳을 지정해 주말농장을 운영하고 있다. 매년 4월이면 5평씩 분양한다. 상추 · 쑥갓 · 호박 · 완두콩 등 각종 채소를 친환경 농법으로 재배할 수 있다. 서울 근교의 고양 · 과천 · 광주 · 김포 · 성남 · 안산 등의 농협에서도 매년 봄이면 5평 정도의 주말농장을 분양하고 있다. 계절별로 모내기 · 포도 따기 · 고구마 캐기 · 밤 줍기 등의 체험행사도 한다. 농장의 한쪽에서는 토끼나 닭을 키우는 곳도 있다.

주말농장은 가까워야 매주 나갈 수 있다. 바빠서 한 주만 걸러도 잡초가 자라 엉망이 되기 쉽다. 매주 교외에 나가는 것이 부담스러운 경우에는 시내에서 운영하는 프로그램을 이용하면 된다. 예를 들어 서울시 한강사업본부에서는 '한강 농작물 가꾸기 프로그램'을 운영하고 있다. 매년 4월부터 11월까지 내 손으로 감자심기, 밀과 청보리 체험·친환경 벼농사 체험·고구마 캐기 체험·땅콩 캐기 체험 등 계절에 맞는 다양한 생태체험을 할 수 있는 프로그램을 운영하고 있다.

아이에게 자연의 기운을 심어줘라

사람도 자연의 일부이다. 아이들이 흙을 밟고 깨끗한 물을 마시며 햇볕을 받아가며 느긋하게 살게 해야 한다. 시간이 허락하는 대로 아이들을 데리고 야외로 나가 흙을 밟게 해야 한다. 주말에 아이들을 데리고 놀이동산에 가는 것보다는 가까운 곳에 있는 농장을 방문하는 것이 더 생산적이고 아이들에게 더 좋은 추억으로 간직될 수 있을 것이다.

미국 캘리포니아에는 아이들을 데리고 갈 수 있는 농장 겸 공원이 여러 곳 있다. 내가 가본 농장은 아덴우드농장(Ardenwood Farm)이다. 패터슨이라는 사람이 개인의 농장을 프리몬트시에 기부하여 시에서 운영하고 있다. 주말이면 아이들은 부모와 함께 농장에 가기를 좋아한다. 아이들을 태워 나르는 오래된 기차가 있어 아이들은 기차 타는 것을 좋아한다. 농장에서는 철 따라 각종 유기농 채소를 재배하고 닭을 키운다. 4월이면 양털 깎기를 보여주고 양털을 아이들에게 나누어줘

장난감 인형을 만들 수 있는 행사를 한다. 농장의 한 구석에서는 말린 옥수수를 쌓아 놓고 아이들이 마음대로 가져가게 한다. 이처럼 도시에 사는 아이들도 주말이면 부모와 함께 농장에서 채소를 키우는 모습을 보게 되면 아이들은 자연히 채소와 친해지게 된다.

베란다에서 호박잎을 살피고 있는 쥬니

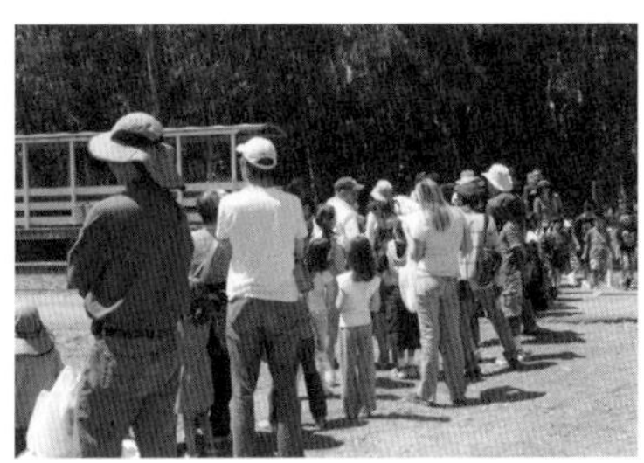

아덴농장에서 기차를 기다리는 부모와 아이들

콘크리트 속에서는 자연의 기운이 들어오지 못해 아이들이 기운도 없고 쉬 피로해진다. 밖으로 나가 흙을 밟으며 햇볕을 받으면서 식물체가 품어내는 맑은 공기를 마시면 아이들도 정신적으로나 육체적으로 건강해지기 마련이다.

아이의 만족감 지연시켜기

　예전에는 손으로 직접 만들어서 밀고 잡아당겨야 했던 장난감들이 이제는 건전지로 스위치만 켜면 알아서 작동하듯, 요즘 아이들은 먹을거리가 어디서 어떻게 생산되는지는 모르는 경우가 많다. 그냥 슈퍼에서 돈만 주면 뭐든지 살 수 있다고 생각한다. 하지만 이렇게 늘 만족감이 즉시 채워지는 것에 익숙한 아이들에게는 만족감을 지연시킬 수 있는 연습이 필요하다. 훗날의 큰 보상을 위해 당장의 작은 보상을 연기할 수 있는 능력은 누구나 필요한 것이다.

　무슨 일이든지 성공하려면 만족감을 서서히 느끼도록 해야 한다. 임신을 해도 9개월을 기다려야 하고 공부를 할 때에도 하루만 해서는 안 되고 오랫동안 꾸준히 해야 한다. 하지만 만족감 지연이 저절로 어느 날 갑자기 생기는 것은 아니다. 어릴 때부터 연습을 자꾸만 해서 늘려야 하는 실력인 것이다.

　펜실베이니아주립대 덕워스(Duckworth) 교수는 IQ보다 스스로를 통제할 수 있는 능력이 학력에 더 높은 영향을 끼친다고 했다. 대중들에게 잘 알려진 스탠퍼드대학의 마시멜로 스터디도 비슷한 결과를 보여준다. 이 실험은 4살짜리 아이들에게 마시멜로를 하나 주면서 당장 먹지 않고 15분 참고 기다리면 1개 더 준다고 약속을 하면서 양면거울로 아이들이 참지 못하고 바로 먹는지 아니면 기다리는지를 관찰한 결과를 훗날 아이들의 건강과 성적과 비교했는데 15분을 참은 아이들이 비만도도 낮고 성적도 높았다고 보고했다.

마시멜로 스터디를 읽고 간혹 만족감 지연 능력은 유전적인 것으로 생각하거나 4살에 모든 것이 결정되고 그 후엔 바꿀 수 없는 것으로 오해하는 경우가 많지만 마시멜로 스터디의 책임자인 미셸(Mischel) 박사에 의하면 만족감을 지연하는 능력을 키우는 데에 가장 중요한 것은 지속적으로 매일 연습하는 것이라고 한다. 그렇기 때문에 부모의 영향이 가장 큰데, 숙제를 먼저하고 논다든지, 용돈은 바로 쓰지 않고 저축해야 한다는 식의 사소한 일에도 올바른 선택을 하도록 옆에서 도와야 한다.

또 부모도 어떻게 만족감을 지연하는지 아이에게 말로만이 아니라 행동도 덧붙여서 보여주는 것이 좋다. 예를 들어 "너무 피곤해서 그냥 자장면 시켜먹고 싶지만 힘들어도 좀 참고 맛있는 저녁밥을 지어야지."라고 아이에게 말을 한다든지, "우리 빨

래부터 돌리고 나가자."는 식으로 부모는 어떻게 만족감을 지연하는지를 말로 설명하고 행동으로 보여주는 것이 중요하다.

모종을 심고 식물체를 돌보는 것은 만족감을 지연시키 데 매우 좋은 프로젝트다. 아이들과 마당이나 베란다에 식물을 가꿀 때 목표가 무엇인지를 확실히 정하는 것이 중요하다. 어른 입장에서는 모종을 심는 것을 학습의 의미로 하기보다는 취미나 유기농 먹을거리를 직접 재배하기 위한 것이지만 아이들은 다르다.

아이들은 호기심이 우선이기 때문에 수확량이 얼마인지는 크게 중요하지 않다. 오히려 식물이 싹트고 자라는 과정을 아이들은 더 즐긴다. 식물을 고를 때부터 아이들과 함께 고르는 것이 좋다. 아이들이 좋아하는 꽃도 골라 심고 가족들이 좋아하는 것들을 고려해서 심는다. '피자정원'을 심는 것도 아이디어다. "피자정원"에는 방울토마토, 피망, 양파, 베이즐을 심는다. '향기정원'을 심는다면 향이 진한 꽃들을 골라 심는다. 바구니에 비닐봉지를 깔고 꽃을 심을 수도 있고 더 이상 필요가 없어 버리려고 하는 덤프트럭이나 보트 장난감에 꽃을 심을 수도 있다.

아이들에게 자연일기를 작성하게 하는 것도 좋다. 그날 날씨가 어떤지, 식물이 얼마나 자랐는지를 기록한다. 식물이 잘 자라지 않을 경우에는 어떻게 해야 할 지를 도서관에서 자료조사도 같이 함으로써 자료조사 능력도 키울 수 있다.

아이를 키우는 엄마라면 반드시 알아야 할 아이 밥상의 모든 것

특별부록 – 쥬니맘표 거친 음식 레시피

- 쥬니맘표 거친 음식
- 쥬니맘표 죽과 수프
- 쥬니맘표 샐러드
- 쥬니맘표 반찬
- 쥬니맘표 간식
- 쥬니맘표 음료

1. 쥬니맘표 거친 음식

●○●건조야채수프

재료

0.5cm 두께로 썬 양파 1개, 0.5cm 두께로 반달 모양으로 썬 당근 2개, 0.5cm 두께로 썬 마늘 4쪽, 0.5cm 두께로 썬 3cm 무 토막, 0.5cm 두께로 썬 버섯 1컵, 씻어서 잎만 뜯어놓은 시금치 1컵

만들기

❶ 야채를 건조기에 말린다.

❷ 바삭 마른 야채를 건조기에서 꺼내 냉동용 지퍼백에 담은 후 냉동 칸에 48시간 저장한다.

❸ ❷를 꺼내 봉지째 손으로 부스거나 분쇄기로 간다.

❹ 시간이 없거나 피곤할 때를 대비해서 건조 야채스프를 미리 준비해 놓는다. 끓는 물에 간장 1큰술과 참기름 1작은술, 건조야채스프 1/8컵을 넣으면 1인용 국물이 된다. 삶은 소면이나 생면에 부어 먹는다.

●○●버섯 스파게티

재료

스파게티 200g, 양송이버섯 10개, 새송이버섯 1개, 애느타리버섯 100g, 올리브유, 다진 파슬리 1큰술씩, 양파 1/2개, 마늘 1쪽, 청 · 홍피망 1/4개씩, 토마토(또는 방울토마토) 400g, 소금 약간

만들기

❶ 끓는 물에 소금을 조금 넣고 스파게티를 10분 정도 삶아 체에 얹어 물기를 뺀다.

❷ 버섯은 깨끗이 씻어 0.5cm 두께로 먹기 좋게 썬다.

❸ 양파는 채 썰고 마늘은 다진 뒤 올리브유를 두른 냄비에 넣어 5분 정도 볶다가 어느 정도 익었을 때 버섯과 채 썬 피망을 넣고 볶는다.

❹ ❸에 다진 토마토를 넣고 볶은 후 살짝 졸인다.

❺ 소금과 후춧가루로 간하고 삶은 스파게티를 넣어 골고루 버무린다.

❻ 먹기 전 다진 파슬리를 뿌린다.

●○●토마토 요리

재료

토마토 2개, 마늘 1쪽, 식빵 1장, 올리브유 1큰술, 다진 파슬리, 바질가루, 파

마슨 치즈가루, 소금, 후춧가루 약간씩

만들기

❶ 토마토를 반으로 자른 후 작은 숟가락으로 씨를 살짝 제거한다.

❷ 식빵은 살짝 구운 뒤 체에 문질러 내려 빵가루를 만든다.

❸ 볼에 올리브유, 다진 마늘, 파슬리, 바질가루, 치즈가루, 빵가루를 넣고 골
   고루 섞은 뒤 소금과 후춧가루로 간하여 소를 만든다.

❹ 씨를 제거한 토마토에 ❸의 소를 넣고 올리브유를 살짝 뿌린다.

❺ 오븐 용기에 올리브유를 두른 뒤 ❹를 얹어 160℃에서 15분간 굽는다.

●○●피망 채소 스크램블

재료

청피망 1개, 양파, 감자 1/2개씩, 애호박, 당근 1/4개씩, 달걀 5개,
우유 2큰술, 올리브유 1큰술, 소금 약간

만들기

❶ 피망·양파, 애호박·감자·당근 등을 1cm 크기로 깍둑썰기 한다.

❷ 볼에 달걀을 깨뜨려 넣고 섞은 뒤 우유를 부어 골고루 젓는다.

❸ 프라이팬에 올리브유를 둘러 달군 뒤 깍둑썰기 한 채소를 넣고 볶는다.

❹ ❸에 ❷를 넣고 약한 불에서 타지 않게 저어주며 익힌다.

●○●호박 콩스튜

재료

다진 양파 1개, 강판에 간 당근 1개, 마늘 3쪽, 단호박이나 늙은 호박 1컵, 삶은콩 $\frac{1}{2}$컵, 육수 1컵, 다진 붉은 피망 $\frac{1}{2}$개, 올리브 오일 2큰술

만들기

❶ 양파와 당근을 올리브오일을 두른 냄비에 넣고 3분간 볶는다.

❷ ❶에 마늘과 호박을 넣고 4분간 볶는다.

❸ ❷에 육수와 콩을 넣고 10분간 끓인다.

❹ ❸을 핸드믹서로 반쯤 간다.

❺ ❹에 붉은 피망을 넣고 5분간 더 끓인다.

❻ 소금, 후추로 간한다.

❼ 호박콩 스튜는 핸드믹서로 반쯤 갈아서 부드러우면서도 호박과 콩을 씹을 수 있어서 아이들이 콩 맛에 익숙해지게 돕는다. 또 색깔도 예뻐서 아이들이 좋아한다.

2. 쥬니맘표 죽과 수프

●○●**감자수프**

재료

감자 5개, 양파 1/2개, 대파(흰 부분) 1토막, 올리브유 1큰술, 닭고기 육수 2

컵, 저지방우유 1컵, 소금 약간

만들기

❶ 양파와 대파는 얇게 채 썬다.

❷ 냄비에 올리브유를 두르고 달군 뒤 양파 채를 넣고 볶는다.

❸ ❷에 대파 채와 감자를 넣고 닭고기 육수를 부어 뭉근히 끓인다.

❹ 핸드믹서로 골고루 섞는다.

❺ 우유를 넣어 살짝 끓인 뒤 소금으로 간한다.

●○●당근 찹쌀죽

재료

찹쌀 50g, 닭육수 500ml, 파슬리 1줄기, 소금 약간

만들기

❶ 당근은 껍질을 벗겨 0.2cm 크기로 잘게 다진다.

❷ 찹쌀은 2시간 이상 불려 놓는다.

❸ 육수에 찹쌀을 넣고 끓인 후 당근을 넣고 잘 저어주면서 약한 불로 끓인다.

❹ 파슬리를 다져 넣고 소금으로 간을 한다.

●닭육수 만들기

우리 집에서는 보통 한 달에 두 번 정도 닭고기를 먹는데 닭고기를 통째로 구입한다. 부위별로 사는 것보다는 한 마리를 통째로 사면 더 저렴하게 구입할 수 있다. 첫날에는 오븐에 구워서 로스트를 만들고 그 다음 날에는 살을 발라낸 뼈를 가지고 육수를 만든다. 육수를 바로 먹지 않을 경우엔 육수를 1컵 정도로 졸여서 냉동시킨다. 1컵 정도로 졸이면 보통 얼음 틀에 다 들어간다. 냉동시킨 후에는 얼음 틀에서 꺼내 지퍼백에 담아서 보관한다. 육수가 필요할 때마다 꺼내 쓰는데, 육수 냉동조각 1개당 물 1컵을 합해서 쓰면 알맞다.

닭 한 마리의 뼈, 당근 2개. 양파 1개, 통후추 1큰술, 마늘 6쪽, 물 5컵

만들기

❶ 큰 냄비에 재료를 다 넣고 중불에 올린다.

❷ 끓어오르면 거품을 걷어내고 불을 낮춘다.

❸ 약한 불에서 1시간 정도 끓이다 불을 끈다.

●○● 브로콜리수프

재료

브로콜리 300g, 양파 1/4개, 올리브유 3큰술, 밀가루 2큰술, 육수 2컵, 우유 1컵, 소금 약간

만들기

❶ 브로콜리를 송이 별로 떼어 씻고 줄기부분은 껍질을 벗긴 후 깍둑썰기를 한 뒤 끓는 물에 데친다.

❷ 양파는 얇게 채 썰어 올리브유를 두른 냄비에 넣고 볶다가 밀가루를 넣는다.

❸ ❷에 육수를 조금씩 붓고 덩어리를 풀어가면서 끓인다.

❹ 데친 브로콜리를 잘게 다져 냄비에 넣은 뒤 핸드 믹서로 전체를 갈아준다.

❺ 살짝 끓인 뒤 우유를 넣고 소금으로 간한다.

●○● 시금치수프

재료

올리브유 2큰술, 마늘 1쪽, 양파 1/2개, 물(또는 육수) 4컵, 감자 1개, 다진 시금치 1컵, 소금 약간

만들기

❶ 큰 냄비에 올리브유를 두르고 가열한 뒤 마늘과 양파를 다져 넣고 볶는다.

❷ 감자는 껍질을 벗겨 깍둑썰기 한 뒤 냄비에 물과 함께 넣고 감자가 뭉그러질 때까지 끓인다.

❸ 다진 시금치를 넣고 2분 정도 더 끓인다.

❹ 소금과 후춧가루로 간한다.

●○● 흰콩수프

재료

올리브유 1큰술, 양파 · 당근 · 토마토 1개씩, 셀러리 1줄기, 마늘 1쪽, 흰강낭콩 1컵, 물이나 육수 5컵, 소금 · 후춧가루 약간씩

만들기

❶ 흰강낭콩을 전날 밤에 씻어 미리 물에 담가 불려 놓는다.

❷ 양파 · 셀러리 · 당근 · 마늘 · 토마토는 다진다.

❸ 냄비에 올리브유를 두른 뒤 다진 양파 · 셀러리 · 당근을 넣고 볶다가 다진

마늘과 토마토를 넣고 계속 볶는다.

❹ 물에 불린 흰 강낭콩을 ❸에 넣고 물을 부은 뒤 냄비 뚜껑을 닫아 30분 정

도 익힌다.

❺ 소금과 후춧가루로 간한다.

●○● 야채육수

재료

양파 1개, 당근 2개, 대파 $\frac{1}{2}$개, 셀러리 1줄기, 마늘 4쪽, 물 16컵

만들기

❶ 중불에 큰 냄비를 올리고 야채와 물을 붓고 끓인다.

❷ ❶이 끓어오르면 약한 불로 줄이고 1시간 동안 끓인다.

❸ ❷가 식으면 야채를 건져낸다.

3. 쥬니맘표 샐러드

●○●견과류 채소샐러드

재료

견과류(호두 또는 아몬드) 30g, 방울토마토 10개, 귤 · 베이비 파프리카 1개
씩, 당근 · 오이 1/4개씩, 사과 1/2개, 올리브유 1큰술, 레몬 1개의 레몬즙, 다
진 허브(파슬리나 베이즐) 1작은술, 소금 · 후춧가루 약간씩

만들기

❶ 방울토마토는 반으로 자르고, 귤은 껍질을 깐 뒤 낱개로 하나씩 갈라 반으
로 자른다.

❷ 당근과 오이는 반으로 가른 뒤 0.5cm 두께로 얇게 자른다.

❸ 사과 반쪽을 4등분하여 0.5cm 두께로 얇게 자르고 파프리카도 얇게 자
른다.

❹ 올리브유에 레몬즙을 짜 넣고, 소금과 후춧가루, 다진 허브를 섞어 소스를
만든다.

❺ 큰 볼에 채소와 견과류를 넣어 소스를 뿌린다.

●○●밤 야채샐러드

재료

생밤 10개, 배 1/2개, 오이 1개, 피망 1개, 양송이버섯 3개, 저지방 플레인 요구르트 1컵, 레몬즙(또는 식초) 3큰술

만들기

❶ 속껍질을 벗긴 생밤과 배를 얇게 썰어 놓는다.

❷ 오이를 길게 반으로 갈라 어슷하게 썬다.

❸ 피망을 가늘게 링 모양으로 썰고, 양송이버섯의 갓 껍질을 제거하고 0.3cm 두께로 썬다.

❹ 요구르트와 레몬즙을 잘 섞어 드레싱을 만든다.

❺ 밤을 드레싱으로 버무린 다음 다른 야채와 버무려 낸다.

●○●요구르트샐러드

재료

오이 · 피망 1개씩, 양파 1/4개, 방울토마토 2컵, 저지방 플레인 요구르트 1컵, 레몬즙(또는 식초) 3큰술, 마늘 1쪽, 다진 파슬리 1/2작은술, 소금 · 후춧가루 약간씩

❶ 오이는 0.3cm 두께로 둥글게 썰고, 방울토마토는 반으로 자른다.

❷ 양파와 피망은 고리 모양으로 자른다.

❸ 요구르트와 레몬즙 · 다진 마늘 · 파슬리 · 후춧가루 등을 잘 섞어 드레싱을 만든다.

❹ 오이 · 토마토 · 양파 · 피망 위에 드레싱을 뿌리고 잘 버무린다.

4. 쥬니맘표 반찬

●○●검은콩조림

재료

검은콩 300g, 조청 3큰술, 간장 1큰술, 올리브유 1큰술

만들기

❶ 검은콩 300g을 깨끗이 씻어 물에 10분 정도 담가둔다,

❷ 검은콩을 약 30분 정도 삶는다.

❸ 조청과 간장을 넣고 가열하다가 올리브유를 넣어 윤기가 나게 졸인다.

●○●오븐에 구운 브로콜리

브로콜리는 원래 데치거나 생으로 먹지만 브로콜리는 양배추와 같은 과라 오래 요리를 하면 할수록 냄새가 난다. 브로콜리는 살짝 데쳐서 초고추장에 찍어 먹으면 맛이 있지만 아이들이 좋아하지 않는다면 다음의 레시피를 시도해 보길 바란다. 높은 온도의 오븐에 구우면 당분이 분해되어 갈색으로 변하면서 달콤해진다.

브로콜리 1단, 소금 1/8작은술, 후추 1/8작은술, 레몬 $\frac{1}{4}$개(기호에 따라)

❶ 브로콜리를 씻은 후 물기를 최대한 털어낸다. 물기가 있으면 구워지는 대신에 쪄질 수 있기 때문이다.

❷ 줄기 마지막 말라 보이는 부분만 잘라내고 줄기 껍질을 벗긴다.

❸ 큰 그릇에 브로콜리와 소금 후추를 넣고 골고루 섞는다.

❹ 베이킹 시트에 겹치지 않도록 담는다.

❺ 오븐에 20분 구우면서 중간에 한번 뒤집는다.

❻ 시큼한 맛을 좋아한다면 브로콜리를 상에 내기 전에 레몬즙을 뿌린다.

●○●연어구이

연어 1kg, 청주 $\frac{1}{4}$컵, 간장 2큰술, 레몬즙 1큰술, 꿀 1큰술, 올리브오일 1큰술, 다진 마늘 3쪽, 후추

❶ 양념장을 만들기 위해 청주 간장 레몬즙 꿀 올리브오일 마늘 후추를 섞는다.

❷ 연어가 양념장에 골고루 재워지도록 큰 그릇이나 지퍼백에 담고 3시간 동안 냉장고에 둔다.

❸ 연어만 건져서 그릴이나 팬에 한쪽에 5분씩, 총 1분 굽는다.

●○●연어반찬

연어구이를 하고 남은 연어를 다음날 반찬으로 새롭게 만드는 방법. 연어반찬을 밥에 얹어 먹어도 맛이 있고, 주먹밥이나 김밥에 넣어 먹어도 좋다.

재료

연어구이에서 남은 연어 $\frac{1}{2}$컵, 레몬 $\frac{1}{2}$개, 올리브유 2큰술

만들기

❶ 작은 냄비에 연어와 올리브유를 넣고 레몬즙을 짜 넣는다.

❷ 약한 불에서 연어가 부서지도록 으깨면서 뜨거워질 때까지 데운다.

5. 쥬니맘표 간식

●○●으깬 감자

재료

감자 6개, 올리브유나 버터 3큰술, 소금 1/4 작은술, 데운 우유 3/4컵

만들기

❶ 감자를 껍질째 익을 때까지 약 20분간 증기에 찐다.

❷ 익은 감자의 껍질을 벗겨 물기가 없는 냄비에 넣고 으깨 뜨거운 우유와 올리브유나 버터, 소금 후추를 섞어준다.

●○●오븐에 구운 고구마튀김

재료

고구마 3개, 올리브 오일 2큰술

만들기

❶ 오븐을 190°C로 예열한다.

❷ 고구마 껍질을 벗긴 후 길게 8등분으로 자른다.

❸ 큰 그릇에 고구마와 올리브 오일을 넣고 골고루 섞은 후에 넓은 베이킹 시트에 고구마를 깐다. 고구마가 겹치면 구워지는 대신에 쪄지므로 겹치지 않게 깐다.

❹ 15분 동안 굽다가 한번 뒤집는다.

❺ 15분 동안 더 굽는다.

●○● 고구마 마늘 튀김

재료

고구마튀김, 올리브 오일 2큰술, 다진 마늘 4쪽

만들기

❶ 중불에 작은 팬을 달군다.

❷ 올리브 오일을 두르고 다진 마늘을 1분간 볶는다. 마늘이 타면 쓴 맛이 나므로 타지 않도록 조심한다.

❸ 큰 그릇에 오븐에서 꺼낸 고구마튀김과 올리브 오일에 볶은 마늘을 함께 골고루 섞는다.

●○●**그라놀라(견과류 당조림)**

재료

견과류 1컵(아몬드, 호두나 땅콩), 깨 $\frac{1}{4}$컵, 해바라기 씨나 잣 $\frac{1}{2}$컵, 말린 과일 1컵 (건포도 · 사과 · 배 · 감 · 딸기), 포도씨 오일 $\frac{1}{4}$컵, 꿀 $\frac{1}{2}$컵

만들기

❶ 말린 과일을 빼고 나머지 모두를 큰 그릇에 담아 골고루 젖는다.

❷❶을 큰 베이킹 시트에 깔고 150 ℃ 오븐에 30분간 굽는다. 중간에 한 번 뒤집는다.

❸ 다 구워진 그라놀라와 말린 과일을 큰 그릇에 담고 골고루 저어준다. 말린 과일을 오븐에 구우면 딱딱해져서 먹기 힘들기 때문에 마지막에 섞어 주기만 한다.

❹ 식은 그라놀라를 병에 담아서 저장한다. 견과류에 지방이 많이 들었기 때문에 오래 두고 먹으면 산화되기 쉽기 때문에 1주일 내에 먹는다.

●○●**딸기 체리 머핀**

재료

다진 딸기 1컵, 씨를 빼고 다진 체리 $\frac{1}{2}$컵, 설탕 $\frac{1}{2}$컵, 통밀기루 1 $\frac{3}{4}$컵, 베이킹 파우더 2작은술, 베이킹 소다 $\frac{1}{2}$ 작은술, 소금 $\frac{1}{4}$ 작은술, 레몬즙 1큰술+우유

=1컵, 포도씨 오일 $\frac{1}{4}$컵, 계란 1개, 바닐라 향 1 작은술

만들기

❶ 오븐을 200°C로 예열한다.

❷ 큰 그릇에 통밀가루 · 베이긴 · 베이킹 소다 · 소금을 골고루 섞는다.

❸ 작은 그릇에 우유 · 오일 · 계란 · 바닐라 향을 섞는다.

❹ ❷에 ❸을 넣고 섞일 때까지 살짝 섞는다.

❺ 딸기와 체리를 ❹에 놓고 살짝 섞는다.

❻ 기름을 살짝 바른 머핀 틀에 ❺를 붓고 오븐에 15분간 굽는다.

❼ 이쑤시개로 찔러서 이쑤시개가 깨끗하게 나오면 오븐에서 꺼내서 5분간
  식힌다.

❽ 머핀 틀에 서 꺼내서 식힌다.

●○● 메밀가루 팬케이크

재료

메밀가루 · 통밀가루 1/2컵씩, 소금 1/4작은술, 베이킹파우더 2작은술, 달걀
1개, 포도씨유 2큰술, 우유 1컵, 잼(또는 팬케익 시럽) 적당량, 버터 약간

만들기

❶ 메밀가루 · 통밀가루 · 소금 · 베이킹파우더 등을 체에 내린 뒤 골고루 섞

는다.

❷ 다른 볼에 달걀과 포도씨유, 우유를 넣고 저은 뒤 ①을 넣고 살살 섞어준다.

❸ 프라이팬에 버터를 살짝 바른 뒤 반죽을 1/4컵만큼 덜어 동그랗게 두른다.

❹ 황갈색이 되면 뒤집고, 다른 한쪽도 황갈색이 되면 꺼내 접시에 담는다.

❺ 잼이나 팬케익 시럽을 뿌려 먹는다.

●○●복숭아소스

재료

토마토소스 2 컵, 깍둑썬 복숭아 4개

만들기

❶ 토마토소스에 복숭아를 넣고 걸쭉해질 때까지 30분 정도 끓인다. 끓이는
동안 냄비 바닥에 눌어붙지 않게 저어준다.

❷ 불을 끈 후 핸드믹서로 갈아준다.

●○●시금치 팬케이크

재료

시금치 50g, 메밀가루 · 통밀가루 1/2컵씩, 포도씨유 2큰술, 베이킹파우더

2작은술, 소금 1/4작은술, 달걀 1개, 우유 1컵

만들기

❶ 시금치를 잘 다듬어 물에 씻은 뒤 우유와 함께 믹서에 넣고 곱게 간다.

❷ 메밀가루 · 통밀가루 · 소금 · 베이킹파우더를 체에 곱게 친 뒤 한데 섞는다.

❸ 커다란 볼에 달걀을 깨뜨려 넣고 포도씨유를 넣어 잘 섞는다.

❹ ❸에 ❶, ❷를 넣고 골고루 섞어 반죽을 만든다.

❺ 팬에 포도씨유를 두르고 반죽을 한 숟가락씩 떠 동그랗게 만든 뒤 앞뒤 모두 황갈색이 될 때까지 익힌다.

❻ 접시에 담고 얇게 썬 딸기를 위에 얹는다.

●○●케일칩

재료

케일 1단, 올리브유 2큰술

만들기

❶ 오븐을 190℃로 가열한다.

❷ 예열하는 동안 케일을 씻어서 물기를 최대한 턴 후 줄기부분은 제거하고 한 입 크기로 썰어 놓는다.

❸ 올리브 오일과 썰은 케일을 큰 그릇에 담고 골고루 섞는다.

❹ 케일이 서로 붙지 않도록 넓게 펼쳐서 베이킹 시트에 깐 후 예열된 오븐에 넣고 15분간 굽는다.

❺ 케일의 가장 자리가 갈색으로 변하고 중간부분이 바싹해지면 꺼낸다.

●○●홈메이드 케첩

재료

복숭아 소스 2컵, 사과 2개, 식초 1/3컵

만들기

❶ 재료를 냄비에 담고 끓어오르면 약한 불로 줄여서 뚜껑을 덮지 않은 채 3시간 동안 줄인다.

❷ 바닥에 붙지 않게 15분마다 한 번씩 저어준다.

●○●베이크드빈(Baked bean, 구운콩)

재료

복숭아 소스 2컵, 다진 양파 1컵, 다진 마늘 3쪽, 흰콩 1컵, 당근 1개 , 올리브 오일 2큰술, 소금 $\frac{1}{2}$ 작은술, 파인애플(선택)

❶ 8~24 시간 정도 물에 불린 콩을 냄비에 담고 새물을 붓고 콩이 익을 때까지 1시간 정도 삶는다.

❷ 큰 냄비에 올리브 오일을 두르고 다진 양파, 마늘, 곱게 다진 당근을 넣고 3분간 볶는다.

❸ ❷에 복숭아 소스, 소금 그리고 삶은 흰콩을 넣고 1시간 동안 약한 불에서 끓이거나 175℃오븐에 1시간 동안 굽는다. 파인애플을 좋아한다면 복숭아 소스를 넣을 때 썬 파인애플도 넣는다.

●○●토마토소스

재료

굵게 다진 토마토 중간 크기 6개, 굵게 썬 양파 1개, 굵게 썬 당근 1개, 굵게 썬 셀러리 1줄기, 마늘 5쪽, 굵게 썬 붉은 피망 $\frac{1}{2}$개, 올리브 오일 2큰술

만들기

❶ 냄비에 올리브 오일을 두르고 뜨거워지면 양파 당근 셀러리를 중불에서 3분간 볶는다.

❷ 마늘, 붉은 피망을 넣고 3분간 더 볶는다.

❸ ❷에 토마토를 넣고 끓어오르면 약한 불로 줄인다.

❹ ❸을 냄비 바닥에 붙지 않게 저어주면서 30분 정도 끓인다.

❺❹를 핸드믹서로 갈아준다.

●○●호박빵

재료

다목적용 밀가루 3컵, 베이킹소다 11/2작은술, 베이킹파우더 11/2작은술, 계피가루 3 작은술, 바닐라향(분말 혹은 액체) 1작은술, 소금 1작은술, 계란 3개, 설탕 12/3컵, 호두 1/2컵, 건포도 1/2컵, 호박(채친 것) 2컵

만들기

❶ 밀가루 · 베이킹소다 · 베이킹파우더 · 계피가루 · 분말 바닐라향 · 소금 등 마른 가루를 체에 쳐서 따로 놓는다.

❷ 계란을 거품기로 잘 저어 거품을 낸 후 설탕을 조금씩 넣으면서 잘 섞어준 후 식용유를 조금씩 넣어가며 크림색깔이 될 때까지 잘 휘핑해준다(액체 바닐라향을 사용할 때에는 이때 섞어준다).

❸ ❷번에 ❶을 살살 뿌려가며 골고루 섞어준다.

❹ 호박 채친 것과 호두, 건포도를 ❸에 넣어 섞어준다.

❺ 빵틀에 기름을 바른 뒤 반죽을 잘 붓고 180℃의 오븐에서 45~60분 정도 굽거나, 머핀 틀에서는 15~25분 정도 굽는다.

❻ 이쑤시개로 찔러서 이쑤시개가 깨끗이 나오면 오븐에서 꺼내 5분간 식힌다.

❼ 머핀틀에서 꺼내서 식힌다.

재료

흰콩 1컵, 마늘 2쪽, 레몬즙 2큰술, 올리브 오일 1큰술, 소금 $\frac{1}{4}$작은술

만들기

❶ 콩을 6~24시간 동안 물에 불린다. 불린 후 물을 버린다.

❷ 냄비에 불린 콩과 마늘을 넣고 넉넉히 잠길 만큼 물을 붓고 끓어오르면 약한 불로 줄인다. 떠오르는 거품은 건져내면서 콩이 익을 때까지 1시간쯤 끓인다.

❸ 콩물은 1컵 정도 건져내고 나머지 물은 버린다.

❹ 콩 · 마늘 · 레몬즙 · 올리브오일 · 소금을 푸드 프로세서에 넣고 부드러워질 때까지 간다. 만약 너무 걸쭉하다면 찍어먹기 쉽게 묽어질 때까지 콩물을 조금씩 부어가면서 푸드 프로세서로 간다.

6. 쥬니맘표 음료

●○●검은콩 두유

재료

검은콩 15g, 물 1컵, 볶은 검은깨 2 작은술

만들기

❶ 검은콩을 물에 깨끗이 씻어 하룻밤 물에 불린다.

❷ 불린 콩에 물을 붓고 약한 불에서 20분 정도 삶는다.

❸ 블랜더에 ❷와 검은 깨를 넣고 2분 정도 분쇄한다.

●○●당근주스

재료

당근 2개, 오이 1개, 셀러리 1줄기, 사과 1개

❶ 당근 · 오이 · 샐러리 · 사과를 적당한 크기로 썬다.

❷ 생즙기에 채소와 과일을 넣고 함께 갈아 주스를 만든다.

●○●딸기쉐이크

쉐이크의 아래의 기본공식만 알면 재료에 크게 구애받지 않고 그때그때 집에 있는 것으로 다양한 맛을 낼 수 있다.

*쉐이크=저지방 우유 $\frac{1}{2}$컵+저지방 요구르트 $\frac{1}{2}$컵+믹서에 갈릴 만큼 부드러운 과일 1컵

이때 과일은 한 가지를 써도 되고 여러 가지를 섞어도 된다. 믹서에 갈릴 만큼 부드러운 과일로는 딸기, 배, 복숭아, 자두, 바나나, 파인애플 등이 있다.

재료

딸기 1컵, 저지방 우유 $\frac{1}{2}$컵, 저지방 요구르트 1/2컵

만들기

❶ 딸기, 우유와 요구르트를 믹서에 넣고 간다.

❷ 레몬즙을 약간 넣어주면 상큼한 맛을 더해준다.

●○●매실주스

재료

매실 1kg, 설탕 1kg

만들기

❶ 매실을 깨끗하게 씻어 물기를 완전히 빼고, 종이타올로 닦아낸다.

❷ 입이 큰 용기에 매실과 설탕을 1:1의 비율로 겹겹이 넣고 밀봉한다.

❸ 3개월쯤 지난 뒤 걸러서 액을 냉장고에 보관한다.

❹ 마실 때에는 여름에는 시원하게, 겨울에는 따뜻하게 물을 5배 정도 희석해
마신다. 특히 체했거나 배가 아플 때에는 원액을 한 스푼 정도 마신다.

●○●요구르트

재료

우유 또는 저지방 우유 2컵, 양질의 플레인 요구르트 2큰술이나 종균

만들기

❶ 우유를 중간 사이즈 냄비에 붓고 냄비 가장자리에 방울이 생기고 김이 올
라올 때까지 데운다.

❷ 데운 우유를 큰 그릇에 담고 43~46°C가 될 때까지 식힌다.

❸ 종균이나 요구르트 2큰 술을 데운 우유 $\frac{1}{2}$컵이랑 골고루 섞는다.

❹ ❸을 나머지 우유와 섞는다.

❺ 발효기를 사용하면 기계에 포함하는 병에 담고 기계를 사용하지 않을 때에는 수건으로 덮고 따뜻한 곳에 6~8시간 둔다. 다 만들어진 요구르트는 냉장고에 넣고 보관하는데 보통 2주쯤 보관할 수 있다

●○● 토마토주스

재료

토마토 2개

만들기

❶ 토마토를 물에 깨끗이 씻는다.

❷ 적당한 크기로 썰어 블랜더에 넣어 1분 정도 갈아준다.

●○● 호두 또는 아몬드 우유

재료

호두 또는 아몬드 50g, 우유 3컵, 꿀 1큰술

❶ 믹서에 우유, 호두나 아몬드와 꿀을 넣고 곱게 간다. 아몬드를 사용할 경우, 먼저 아몬드를 물에 4~6시간 불린다.

❷ 꿀을 믹서에 먼저 넣으면 밑으로 가라앉아 잘 갈리지 않을 수 있으므로 호두나, 아몬드, 우유, 꿀 순으로 넣는다.

 먹을거리 걱정없는 기적의 아이 밥상

초판 1쇄 인쇄 2010년 11월 15일
초판 1쇄 발행 2010년 11월 25일

지은이 이원종, 이소영(쥬니맘)
발행인 임채성
디자인 푸른다솜향

펴낸곳 판테온하우스
주소 서울시 마포구 동교동 165-8 LG팰리스빌딩 810호
전화 02)332 - 6304 **팩스** 02)332 - 6306
메일 pantheon11@naver.com/pantheonhouse@hanmail.net
카페 http://cafe.naver.com/pantheonhouse
블로그 http://blog.daum.net/history74
출판등록 2010년 4월 22일(신고번호 제313 - 2010 - 119호)

ISBN 978-89-964393-8-7 13590